特种作业人员安全技术考核培训教材

特种作业安全生产基本知识

主编 王东升 路 凯

中国建筑工业出版社

图书在版编目(CIP)数据

特种作业安全生产基本知识/王东升,路凯主编. —北京:中国建筑工业出版社,2020.2(2021.11重印)
特种作业人员安全技术考核培训教材
ISBN 978-7-112-24586-4

Ⅰ.①特… Ⅱ.①王… ②路… Ⅲ.①建筑工程-安全生产-安全培训-教材 Ⅳ.①TU714

中国版本图书馆 CIP 数据核字(2020)第 011031 号

责任编辑:李 杰
责任校对:李美娜

特种作业人员安全技术考核培训教材
特种作业安全生产基本知识
主编 王东升 路 凯

*

中国建筑工业出版社出版、发行(北京海淀三里河路 9 号)
各地新华书店、建筑书店经销
北京红光制版公司制版
北京建筑工业印刷厂印刷

*

开本:787×1092 毫米 1/16 印张:13 字数:267 千字
2020 年 5 月第一版 2021 年 11 月第六次印刷
定价:**55.00** 元
ISBN 978-7-112-24586-4
(35300)

特种作业人员安全技术考核培训教材编审委员会
审定委员会

主 任 委 员　　徐启峰
副主任委员　　李春雷　　巩崇洲
委　　　员　　李永刚　　张英明　　毕可敏　　张　莹　　田华强
　　　　　　　孙金成　　刘其贤　　杜润峰　　朱晓峰　　李振玲
　　　　　　　李　强　　贺晓飞　　魏　浩　　林伟功　　王泉波
　　　　　　　孙新鲁　　杨小文　　张　鹏　　杨　木　　姜清华
　　　　　　　王海洋　　李　瑛　　罗洪富　　赵书君　　毛振宁
　　　　　　　李纪刚　　汪洪星　　耿英霞　　郭士斌

编写委员会

主 任 委 员　　王东升
副主任委员　　常宗瑜　　张永光
委　　　员　　徐培蓁　　杨正凯　　李晓东　　徐希庆　　王积永
　　　　　　　邓丽华　　高会贤　　邵　良　　路　凯　　张　暄
　　　　　　　周军昭　　杨松森　　贾　超　　李尚秦　　许　军
　　　　　　　赵　萍　　张　岩　　杨辰驹　　徐　静　　庄文光
　　　　　　　董　良　　原子超　　王　雷　　李　军　　张晓蓉
　　　　　　　贾祥国　　管西顺　　江伟帅　　李绘新　　李晓南
　　　　　　　张岩斌　　冀翠莲　　祖美燕　　王志超　　苗雨顺
　　　　　　　王　乔　　邹晓红　　甘信广　　司　磊　　鲍利珂
　　　　　　　张振涛

本书编委会

主   编　王东升　路　凯

副 主 编　杨松森　贾　超　李尚秦

参编人员　梁华举　张振涛　宋　超　江　南　郭　倩
　　　　　　赵书君

出 版 说 明

随着我国经济快速发展、科学技术不断进步，建设工程的市场需求发生了巨大变换，对安全生产提出了更多、更新、更高的挑战。近年来，为保证建设工程的安全生产，国家不断加大法规建设力度，新颁布和修订了一系列建筑施工特种作业相关法律法规和技术标准。为使建筑施工特种作业人员安全技术考核工作与现行法律法规和技术标准进行有机地接轨，依据《中华人民共和国安全生产法》《建设工程安全生产管理条例》《安全生产许可证条例》《建筑起重机械安全监督管理规定》《建筑施工特种作业人员管理规定》《危险性较大的分部分项工程安全管理规定》及其他相关法规的要求，我们组织编写了这套"特种作业人员安全技术考核培训教材"。

本套教材由《特种作业安全生产基本知识》《建筑电工》《普通脚手架架子工》《附着式升降脚手架架子工》《建筑起重司索信号工》《塔式起重机工》《施工升降机工》《物料提升机工》《高处作业吊篮安装拆卸工》《建筑焊接与切割工》共 10 册组成，其中《特种作业安全生产基本知识》为通用教材，其他分别适用于建筑电工、建筑架子工、起重司索信号工、起重机械司机、起重机械安装拆卸工、高处作业吊篮安装拆卸工和建筑焊接切割工等特种作业工种的培训。在编纂过程中，我们依据《建筑施工特种作业人员培训教材编写大纲》，参考《工程质量安全手册（试行）》，坚持以人为本与可持续发展的原则，突出系统性、针对性、实践性和前瞻性，体现建筑施工特种作业的新常态、新法规、新技术、新工艺等内容。每册书附有测试题库可供作业人员通过自我测评不断提升理论知识水平，比较系统、便捷地掌握安全生产知识和技术。本套教材既可作为建筑施工特种作业人员安全技术考核培训用书，也可作为建设单位、施工单位和建设类大中专院校的教学及参考用书。

本套教材的编写得到了住房和城乡建设部、山东省住房和城乡建设厅、清华大学、中国海洋大学、山东建筑大学、山东理工大学、青岛理工大学、山东城市建设职业学院、青岛华海理工专修学院、烟台城乡建设学校、山东省建筑科学研究院、山东省建设发展研究院、山东省建筑标准服务中心、潍坊市市政工程和建筑业发展服务中心、德州市建设工程质量安全保障中心、山东省建设机械协会、山东省建筑安全与设备管理协会、潍坊市建设工程质量安全协会、青岛市工程建设监理有限责任公司、潍坊昌大建设集团有限公司、威海建设集团股份有限公司、山东中英国际建筑工程技术有限公司、山东中英国际工程图书有限公司、清大鲁班（北京）国际信息技术有限公司、中国建筑工业出版社等单位的大力支持，在此表示衷心的感谢。本套教材虽经反复推敲核证，仍难免有不妥甚至疏漏之处，恳请广大读者提出宝贵意见。

编审委员会

2020 年 04 月

前　　言

本书为特种作业人员培训通用教材，主要依据《中华人民共和国安全生产法》《中华人民共和国特种设备安全法》《建设工程安全生产管理条例》《建筑施工特种作业人员管理规定》等法规要求进行编写。

本书按照《建筑施工特种作业人员培训教材编写大纲》的要求，充分参考了住房和城乡建设部印发的《工程质量安全手册（试行）》，认真研究了建筑施工特种作业人员的岗位责任、知识结构、文化程度，对于知识的阐述尽最大限度符合国家现行法律法规和规范标准，文字表达通俗易懂、逻辑清晰、表述规范，图文并茂。本书内容重点突出了专业性、针对性、时效性、实用性和知识性，主要包括安全生产法规与管理制度、建筑施工特种作业人员管理制度、个人安全防护用品、高处作业、施工现场安全用电、施工现场消防、施工现场安全标志、施工现场急救知识、建筑施工安全事故等内容，对于强化特种作业人员的安全生产意识、增强安全生产责任、提高施工现场安全技术水平具体指导作用。

本书的编写广泛征求了建设行业主管部门、高等院校和企业等有关专家的意见，并经过多次研讨和修改完成。中国海洋大学、青岛理工大学、青岛华海理工专修学院、山东中英国际工程图书有限公司等单位对本书的编写工作给予了大力支持；同时本书在编写过程中参考了大量的教材、专著和相关资料，在此谨向有关作者致以衷心感谢！

限于我们水平和经验，书中难免存在疏漏和错误，诚挚希望读者提出宝贵意见，以便完善。

编　者

2020 年 04 月

目　　录

1　建筑安全生产与特种作业概论

2　安全生产法律法规与管理制度

3　建筑施工特种作业人员管理制度

4　个人安全防护用品

5　高处作业

6　施工现场安全用电

7　施工现场消防

8　施工现场安全标志

9 施工现场急救知识

10 建筑施工安全事故

11　力学基础知识

12　机械基础知识

13　电工学基础知识

1 建筑安全生产与特种作业概论

建筑业属于危险性较大的行业。据统计，建筑生产事故发生的频率和死亡人数排在交通、煤炭产业之后，位居第三位。近几年，全国建筑施工死亡人数每年都在1000人左右。加强建筑施工安全生产管理，是实现产业健康发展的重要课题，是国内外建筑施工管理的重点。同时，建筑生产安全事故多数与特种作业有关，尤其是在起重机械、脚手架、高大模板、基坑开挖、施焊切割、临时用电等施工作业中，极易发生倾覆、坠落、坍塌、触电和火灾等生产安全事故。2010年，由于电焊工无证违章操作引发的上海静安区"11·15"火灾事故，以其巨大的人员伤亡和财产损失震惊中外。因此，建筑施工特种作业管理是建筑施工管理的重要内容之一。

1.1 安全生产概论

"无危则安，无缺则全"。安全意味着没有危险且尽善尽美。安全生产是人类社会活动的最基本需求，不仅关系到人的生命财产安全、家庭的幸福美满，也关系到产业的健康发展乃至社会的和谐稳定。

1.1.1 安全生产术语

1. 危险

危险是指系统中存在对人、财产或环境具有造成伤害的潜能，是系统呈现出的一种状态。这种状态具有导致人员伤害、职业病、财产损失、作业环境破坏、生产活动中断的趋势。

危险的程度或严重性，用危害发生的概率、频率，或者伤害、损失的程度和大小来衡量。

2. 安全

安全是指系统中免除了危险的状态，是系统呈现的另一种状态，也就是没有危险、不受威胁、不出事故。因此，安全是与危险、威胁、事故等状态和结果相对应的。

3. 事故

事故是指造成死亡、伤害、疾病、损坏或者其他损失的意外事件，是发生在人们的生产、生活活动中，突然发生的、违反人们意志的负面事件。

4. 事故隐患

事故隐患泛指生产系统中存在的、导致事故发生的人的不安全行为、物的不安全状态以及管理上的缺陷。

1.1.2 安全生产要素

1. 安全文化

安全文化即安全意识，是安全生产工作的永恒主题。安全生产工作要紧紧围绕"以人为本"这个中心，采取各种形式开展宣传教育，强化职工安全意识，提高从业人员安全素质，增强职工的自我保护意识和能力，做到不伤害自己、不伤害别人、不被别人所伤害。

2. 安全法制

安全法制是指用法律法规来规范企业和员工的安全行为。包括国家的立法、监督、执法，企业的建章立制、检查考核、经济奖罚、职位升降等。

3. 安全责任

安全责任是指建立安全生产责任制，明确企业、部门、政府的安全生产责任，建立一套行之有效的考核、奖罚制度。

在企业层面，安全生产责任制是企业岗位责任制的一个组成部分，是企业中最基本的一项安全制度，也是企业安全生产、劳动保护制度的核心。对企业，应当建立以法定代表人为第一责任人的安全生产责任制；对工程项目，应当建立以项目负责人为第一责任人的安全生产责任制。层层分解安全生产目标，明确部门、班组、岗位的安全生产职责，完善考核机制，奖罚分明，促进安全生产工作的落实。

4. 安全投入

安全投入是安全生产的基本保障，它包括人力、财力和物力的投入。安全生产最大的问题之一，是安全生产投入不足。

5. 安全科技

安全科技是指运用先进的科技手段提高安全生产监控和防护水平。如施工现场安装的远程视频监控系统、消防烟雾探测自动喷淋系统以及计算机网络管理系统等。

1.1.3 安全与生产的关系

1. 安全生产的内涵

所谓的安全生产，是指为了防止在生产过程中发生人身伤亡、财产损失等事故，而采取的消除或控制危险和有害因素，保障人身安全和健康、设备和设施免遭损坏、环境免遭破坏的一系列措施和活动，既包括对劳动者的保护，也包括对生产、财物、环境的保护，目的是保障生产活动正常进行。

从安全生产的内涵看，安全生产属于由社会科学和自然科学两个科学范畴相互渗透、相互交织构成的保护人和财产的政策性和技术性的综合学科。其中，社会科学部分研究立法、监察、组织和管理；自然科学部分研究防止事故发生，包括改善劳动条件、防止自然危害所必需的基础科学和应用科学。

2. 安全与生产的辩证关系

从安全生产的概念来看，安全生产无处不在。自人类社会存在以来，安全就伴随着生产而存在。安全生产是安全与生产的对立统一，是与文化、政治、经济和科技水平密切相关的，无限夸大安全生产和盲目忽视安全生产都是错误的。安全生产的宗旨是生产必须安全，安全促进生产。

3. 安全生产的意义

（1）安全生产关系到人民群众生命和财产安全。生命安全是人民群众根本利益所在，各级人民政府及其有关部门和企事业单位，都必须以对人民群众高度负责的精神，始终坚持"以人为本"的思想，把安全生产作为各项工作中的首要任务来抓。

（2）安全生产关系社会稳定的大局。如果一个地区、部门或单位的负责人只重视生产、重视经济工作，而轻视安全工作，把安全生产与经济发展对立起来，必然造成安全事故频频发生，势必影响本单位、本部门、本地区甚至整个社会的稳定。

（3）安全生产直接关系到经济的健康发展。安全生产是经济健康有序发展的前提和保障，没有安全做基础，生产经营活动就无法正常进行，也会不同程度地影响经济的发展。

1.1.4 安全生产方针

我国的安全生产工作方针是"安全第一，预防为主，综合治理"。

2002年在国家颁布的《安全生产法》中第一次以法律形式将"安全第一，预防为主"确定为我国的安全生产工作方针，俗称为"安全生产八字方针"。2005年在中央印发的《中共中央关于制定国民经济和社会发展第十一个五年规划的建议》中，又将我国安全生产工作方针补充为"安全第一，预防为主，综合治理"，俗称为"安全生产十二字方针"。安全生产工作方针有如下含义：

（1）坚持安全第一，必须以预防为主，实施综合治理。只有有效防范事故，综合治理隐患，才能把"安全第一"落到实处。

（2）"安全第一"是从保护和发展生产力的角度，表明在生产范围内安全与生产的关系。当安全与生产发生矛盾的时候，生产应该服从安全。

（3）"预防为主"是指在生产活动中，对生产要素采取管理、技术等措施，有效地控制不安全因素的发展和扩大，把可能发生的事故消灭在萌芽状态，以保证生产活动正常进行。

（4）安全生产是个系统工程，涉及社会的各个方面。只有构建"政府统一领导、部门依法监管、企业全面负责、群众参与监督、全社会广泛支持"的安全生产工作格局，采取综合措施才能达到安全生产的目的。

1.1.5　安全生产的工作原则

根据安全生产的工作方针，安全生产工作应当坚持以下原则：

（1）"一票否决"原则——生产必须安全，不得从事没有安全保障的生产。

（2）"两管五同时"原则——安全与生产是一个有机的整体，"管生产必须管安全"，即所谓"两管"；在计划、布置、检查、总结和评比生产工作的时候，同时计划、布置、检查、总结和评比安全工作，即所谓"五同时"。

（3）"三同时"原则——生产经营单位新建、改建、扩建工程项目的安全设施，必须与主体工程同时设计、同时施工、同时投入生产和使用。

（4）"四不放过"原则——生产安全事故的调查处理必须坚持事故原因没有查清不放过、事故责任者没有严肃处理不放过、广大群众没有受到教育不放过、防范措施没有落实不放过的原则。

（5）"三同步"原则——安全生产须与生产经营单位的经济发展、机构改革和技术改造同步规划、同步组织实施、同步运作投产。

1.2　建筑安全生产的特点

工程建设的目的是为人们的社会、经济、政治和文化活动提供理想的场所，是人们最基本的社会活动之一。建筑施工是工程建设实施阶段的各类生产活动的总和，在现代社会，也可以说是把设计图纸描绘的建筑物、构筑物等，在指定的地点、空间变成实物的过程，它包括基础工程施工、主体结构施工、屋面工程施工、设备安装和装饰工程施工等。施工作业的场所称为施工现场，也叫工地。从事建筑施工活动的行业统称为建筑业。

1.2.1　建筑施工的特点

施工生产活动的最终物质成果是建筑产品。建筑产品不同于其他产品，尤其是生产过程与其他产品之间存在诸多不同。

（1）固定性——建筑产品固定在一个地方制造，位置不能移动，绝大多数施工活动都在这个地点完成。

（2）庞大性——建筑产品与其他产品相比体形庞大。

（3）多样性——建筑产品的使用功能、外观形状各异，即使同一类的工程，也是千差万别的。

（4）总体性——建筑工程是由多个功能部分共同组成的，每个功能部分又是由许多建筑材料、半成品、成品加工和装配组合而成的。

这些特点还决定了建筑施工活动具有生产流动性大、露天和交叉作业多、手工操作多及劳动强度大等特性。

1.2.2　建筑施工对安全生产的影响

建筑产品的特点必然带来了施工生产的流动性、一次性、长期性和多变性等，这些特性又必然带来了安全生产的复杂性。

（1）施工生产的流动性——产品的固定性，必然带来生产的流动性，劳动者不但在建筑物各个部位移动工作，而且在不同的施工现场流动，作业环境在不断变化。在不熟悉的环境中作业，容易发生安全事故。

（2）施工生产的一次性——由于建筑产品多样性，决定了施工生产具有一次性和单件性。这使施工生产很少能像其他产品按同一模式进行完全重复性的作业，完全照搬过去的经验，施工过程、工作环境也呈多变状态。

（3）施工生产周期长——由于建筑产品具有总体性，因此建筑产品总体完成后，体积庞大、结构复杂，有的高达几百米，有的长达几千米，要完成一个建筑产品所需要的时间，少则几周，多则几年甚至几十年，长期地、大量地投入人力、物力和财力，必然要面对较多的变量，这也使施工过程、工作环境呈多变状态。

（4）施工生产具有连续性——施工生产一旦开始，就要连续进行，轻易不中断。各阶段、各环节和各工种必须衔接协调，多工种、多工艺及多个作业面、多个高程交叉作业现象较为普遍，在一个有限的场地、空间集中大量的人员、材料、机具和设备等进行作业，会产生大量的噪声、热量和粉尘等有害介质，其作业环境极其复杂，危险点和不安全因素较多。

（5）露天作业、高处作业多——由于建筑施工 70% 以上为露天作业，90% 以上为高处作业，导致施工现场不安全因素较多。例如，露天作业受天气、温度等环境因素影响大，高温和严寒使得工人体力和注意力下降，雨雪天气还会导致工作面湿滑，高处作业则容易导致高处坠落事故发生等。

（6）体力劳动多——尽管建筑行业已发展了几千年，但大多数工序至今仍然是手工操作，繁重体力劳动较多。大量的人员在狭小的作业面施工，往往相互产生不利于安全的影响；单调的手工劳动和繁重体力劳动容易使人疲劳、注意力分散、操作错误，从而导致事故发生。

（7）劳动者素质较低——由于建筑产品技术含量较低，对劳动者的要求不高，因此建筑业相对于其他行业，劳动者的综合素质偏低。同时，由于教育培训不到位，造成作业人员安全意识差，安全作业知识缺乏，违章作业的现象时有发生。

1.3 特种作业概论

1.3.1 特种作业的概念

特种作业是指容易发生人员伤亡事故，对操作者本人、他人的生命健康及周围设施的安全可能造成重大危害的作业。直接从事特种作业的人员称为特种作业人员。因为特种作业有着不同的危险因素，容易损害操作人员的安全和健康，因此对特种作业需要有必要的安全保护措施，包括技术措施、保健措施和组织措施。

1.3.2 特种作业人员资质

《中华人民共和国劳动法》和有关安全卫生规程规定：从事特种作业的职工，所在单位必须按照有关规定，对其进行专门的安全技术培训，经过有关机关考试合格并取得操作合格证或者驾驶执照后，才准予独立操作。特种作业人员必须接受与本工种相适应的、专门的安全技术培训，经安全技术理论考核和实际操作技能考核合格，取得特种作业操作证后，方可上岗作业；未经培训，或培训考核不合格者，不得上岗作业。特种作业人员培训考核实行教考分离制度，国家安全监督管理局负责组织制定特种作业人员培训大纲及考核标准。培训机构按照国家制定的培训大纲组织开展培训。各省级安全生产监督管理部门、煤矿安全监察机构或其委托的有资质的单位根据国家制定的考核标准组织开展考核。

特种作业操作证，由国家安全生产监督管理局统一制作，各省级安全生产监督管理部门、煤矿安全监察机构负责签发。特种作业操作证在全国通用。特种作业操作证不得伪造、涂改、转借或转让。

《安全生产法》规定，生产经营单位的特种作业人员必须按照国家有关规定经专门的安全作业培训，取得特种作业操作证书，方可上岗作业。若特种作业人员未按照规定经专门的安全作业培训并取得特种作业操作证书上岗作业的，责令该生产经营单位限期改正，逾期未改正的，责令停产停业整顿，并处二万元以下的罚款。

另外，《劳动法》《矿山安全法》《建筑施工特种作业人员管理规定》都对特种作业人员持证上岗做出了明确规定。

1.3.3 特种作业目录

2010 年 4 月 26 日国家安全生产监督管理总局局长办公会议审议通过《特种作业人员安全技术培训考核管理规定》，自 2010 年 7 月 1 日起施行。1999 年 7 月 12 日原国家经济贸易委员会发布的《特种作业人员安全技术培训考核管理办法》同时废止。

　　《特种作业人员安全技术培训考核管理规定》规定特种作业目录包括：电工作业、焊接与热切割作业、高处作业、制冷与空调作业、煤矿安全作业、金属非金属矿山安全作业、石油天然气安全作业、冶金（有色）生产安全作业、危险化学品安全作业、烟花爆竹安全作业、工地升降货梯升降作业、安全监管总局认定的其他作业。

2 安全生产法律法规与管理制度

建立健全安全生产的法规制度是构建安全生产长效机制的前提条件之一。在法规制度的框架下，政府和企业须采取有效措施，提高安全生产水平，降低事故发生频率，保障生产正常进行，维护广大职工的生命财产安全。建筑施工作业人员应当了解建筑安全生产法规知识，遵守安全生产规章制度，杜绝"三违"（违章指挥、违规操作、违反劳动纪律）现象，保护好自己，不伤害他人。

2.1 安全生产法律法规体系

安全生产法律法规是指调整在生产过程中产生的，与劳动者安全、健康以及生产资料和社会财富安全保障有关的各种社会关系的法律规范的总和。安全生产法律法规是国家法律体系中的重要组成部分。全国人大、国务院及有关部委和地方人大、政府颁发的有关安全生产、职业安全卫生、劳动保护等方面的法律、法规和规章等，都属于安全生产法律法规的范畴。

目前，我国的安全生产法规已初步形成一个以宪法为依据，以《安全生产法》为主体，由有关法律、行政法规、地方法规、行政规章和技术标准所组成的综合体系。我国建筑安全生产法律法规体系包括宪法、法律、法规和规章等几个层次。

2.1.1 宪法

宪法是国家法律体系的基础和核心，确定了国家制度、社会制度以及公民的基本权利和义务等，具有最高法律效力，是其他法律的立法依据和基础。其他法律法规的制定必须服从宪法，不得同宪法相抵触。我国《宪法》规定："国家通过各种途径，创造劳动就业条件，加强劳动保护，改善劳动条件，并在发展生产的基础上，提高劳动报酬和福利待遇"，这是对安全生产方面最高法律效力的规定。

2.1.2 法律

狭义地讲，我国法律是指全国人民代表大会及其常务委员会按照法定程序制定的规范性文件，其法律地位和效力仅次于宪法，是行政法规、地方法规、行政规章的立法依据和基础。全国人民代表大会及其常务委员会作出的具有规范性的决议、决定、规定和办法等，也属于国家法律范畴。建筑法律是建筑法规体系的最高层次，具有最高法律效力。目前我国颁布的建筑法律主要是《建筑法》，涉及建筑安全生产的还有《安全生产法》《劳动法》等。

2.1.3 行政法规

行政法规是指由最高国家行政机关，即国务院在法定职权范围内，根据并且为实施宪法和法律而制定的有关国家行政管理活动方面的规范性文件的总称。从法律效力上讲，行政法规的效力仅次于法律。

建筑法规是国务院根据有关法律授权条款和管理全国建筑行政工作的需要制定的，是对法律条款中涉及建筑活动的进一步细化。目前我国颁布的建筑安全生产法规主要有《建设工程安全生产管理条例》，涉及建筑安全生产的还有《特种设备安全监察条例》《安全生产许可证条例》等。

2.1.4 地方性法规

地方性法规包括以下几个层次：

（1）省、自治区、直辖市的人民代表大会及其常务委员会根据本行政区域的具体情况和实际需要，在不与宪法、法律、行政法规相抵触的前提下，制定的仅适用于本行政区域内的规范性文件。

（2）较大的市（指省、自治区的人民政府所在地的市，经济特区所在地的市和经国务院批准的较大的市）的人民代表大会及其常务委员会根据本市的实际情况和实际需要，在不与宪法、法律、行政法规和本省、自治区的地方性法规相抵触的前提下，制定的仅适用于本行政区域内的规范性文件，报省、自治区的人民代表大会常务委员会批准后施行。

（3）设区的市的人民代表大会及其常务委员会根据所在地的市的具体情况和实际需要，在不同宪法、法律、行政法规和本省、自治区的地方性法规相抵触的前提下，可以对城乡建设与管理、环境保护、历史文化保护等方面的事项制定地方性法规。设区的市的地方性法规须报省、自治区的人民代表大会常务委员会批准后施行。

根据本行政区建筑行政管理需要制定的行政法规，就是地方性行政法规。如《山东省建筑市场条例》《山东省消防条例》《山东省建设工程勘察设计管理条例》等。

2.1.5 规章

规章按制定主体的不同可分为行政规章和地方性规章。

（1）行政规章——是指国务院所属部门根据法律和行政法规，在本部门的权限内制定、发布的规范性文件，也称部门规章。其法律地位和效力低于宪法、法律和行政法规。部门规章在全国行业、部门内具有约束力。

建设部门规章一般由住房和城乡建设部制定，并以部令的形式发布。如《建筑施工企业安全生产许可证管理规定》（建设部令第 128 号）、《建筑起重机械安全监督管理规定》（建设部令第 166 号）等。

（2）地方性规章——是指省、自治区、直辖市、设区的市的人民政府，省、自治区人民政府所在地的市的人民政府和经国务院批准的较大的市的人民政府，根据法律、行政法规和本行政区的地方性法规制定的规范性文件。其法律地位和效力低于宪法、法律、行政法规和地方性法规。地方性建筑规章一般以省（市）政府令的形式发布，如《山东省建筑安全生产管理规定》（山东省人民政府令第 172 号）、《济南市建筑工程文明施工若干规定》（济南市人民政府令第 175 号）等。

2.1.6　技术标准

技术标准是指规定强制执行的产品特性或其相关工艺和生产方法的文件，以及规定适用于产品、工艺或生产方法的专门术语、符号、包装、标志或标签要求的文件。在我国，技术标准由标准主管部门以标准、规范和规程等形式颁布。技术标准分为国家标准（GB）、行业标准、地方标准（DB）和企业标准（QB）等四个等级。国家标准、行业标准分为强制性标准和推荐性标准。保障人体健康，人身、财产安全的标准和法律、行政法规规定强制执行的标准是强制性标准。

1. 国家标准

国家标准是在全国范围内统一的技术要求，由国务院标准化行政主管部门制定、发布。强制性标准代号为"GB"，推荐性标准代号为"GB/T"。国家标准的编号由国家标准代号、国家标准发布顺序号及国家标准发布的年号组成。如《建筑工程施工质量验收统一标准》GB 50300—2013、《塔式起重机安全规程》GB 5144—2006、《钢管脚手架扣件》GB 15831—2006 等。

2. 行业标准

行业标准是在全国某个行业范围内统一的技术要求。行业标准由国务院有关行政主管部门制定、发布，并报国务院标准化行政主管部门备案。行业标准是对国家标准的补充，在相应国家标准实施后，应该自行废止。建筑行业标准主要有：城市建设行业标准（CJ）、建材行业标准（JC）和建筑工业行业标准（JG）。现行工程建设行业标准代号在部分行业标准代号后加上第三个字母J，行业标准的编号由标准代号、标准顺序号和年号组成。如《建筑施工扣件式钢管脚手架安全技术规范》JGJ 130—2011、《施工现场临时用电安全技术规范（附条文说明）》JGJ 46—2005、《施工现场机械设备检查技术规范》JGJ 160—2016 等。

3. 地方标准

地方标准又称为区域标准，对没有国家标准和行业标准而又需要在辖区内统一的产品的安全、卫生要求，可以制定地方标准。地方标准由省、自治区、直辖市标准化行政主管部门制定，并报国务院标准化行政主管部门和国务院有关行政主管部门备案。如《建筑施工物料提升机安全技术规程》DBJ 14—015—2002、《建筑施工现场装配式轻钢结构临建房屋技术规程》DBJ 14—039—2006、《建筑施工现场塔式起重机安装拆卸安全技术规程》DBJ 14—065—2010 等。

4. 企业标准

企业标准是对企业范围内需要协调统一的技术要求、管理要求和工作要求所制定的标准。企业标准由企业制定，由企业法人代表或法人代表授权的主管领导批准、发布。

2.1.7 法的适用

1. 法的效力等级

宪法具有最高的法律效力，一切法律、行政法规、地方性法规、自治条例和单行条例、规章都不得同宪法相抵触。

法律的效力高于行政法规、地方性法规、规章。

行政法规的效力高于地方性法规、规章。

地方性法规的效力高于本级和下级地方政府规章。省、自治区的人民政府制定的规章的效力高于本行政区域内的设区的市、自治州的人民政府制定的规章。

自治条例和单行条例依法对法律、行政法规、地方性法规作变通规定的，在本自治地方适用自治条例和单行条例的规定。经济特区法规根据授权对法律、行政法规、地方性法规作变通规定的，在本经济特区适用经济特区法规的规定。

部门规章之间、部门规章与地方政府规章之间具有同等效力，在各自的权限范围内施行。

2. 法的适用原则

（1）上位法优于下位法——效力等级高的法优先适用于效力等级低的法。

特别法优于一般法——同一机关制定的法律、行政法规、地方性法规、自治条例和单行条例、规章，特别规定与一般规定不一致的，适用特别规定。

新法优于旧法——同一机关制定的法律、行政法规、地方性法规、自治条例和单行条例、规章，新的规定与旧的规定不一致的，适用新的规定。

法不溯及既往——法律、行政法规、地方性法规、自治条例和单行条例、规章不溯及既往，但为了更好地保护公民、法人和其他组织的权利和利益而作的特别规定除外。

（2）法律之间对同一事项的新的一般规定与旧的特别规定不一致，不能确定如何适用时，由全国人民代表大会常务委员会裁决。

行政法规之间对同一事项的新的一般规定与旧的特别规定不一致，不能确定如何适用时，由国务院裁决。

地方性法规、规章之间不一致时，由有关机关依照下列规定的权限作出裁决：

1）同一机关制定的新的一般规定与旧的特别规定不一致时，由制定机关裁决。

2）地方性法规与部门规章之间对同一事项的规定不一致，不能确定如何适用时，由国务院提出意见，国务院认为应当适用地方性法规的，应当决定在该地方适用地方性法规的规定；认为应当适用部门规章的，应当提请全国人民代表大会常务委员会裁决。

3）部门规章之间、部门规章与地方政府规章之间对同一事项的规定不一致时，由国务院裁决。

根据授权制定的法规与法律规定不一致，不能确定如何适用时，由全国人民代表大会常务委员会裁决。

2.2 建筑安全生产主要法律法规和规章制度

2.2.1 建筑安全生产主要法律

在法律层面上，《安全生产法》和《建筑法》是构建建筑安全生产法律法规的两大基础。此外，还有《劳动法》《刑法》《消防法》等也对建筑安全生产行为进行了规范。

1. 建筑法

《中华人民共和国建筑法》于 1997 年 11 月 1 日经第八届全国人民代表大会常务委员会第二十八次会议通过，1997 年 11 月 1 日中华人民共和国主席令第 91 号公布，自 1998 年 3 月 1 日起施行。2011 年 4 月 22 日第十一届全国人大常委会第二十次会议对《建筑法》进行第一次修正，2019 年 4 月 23 日第十三届全国人民代表大会常务委员会第十次会议对《建筑法》进行第二次修正，自 2019 年 4 月 23 日起施行。《建筑法》是我国第一部规范建筑活动的部门法，主要规定了建筑许可、建筑工程发包承包、建筑安全生产管理、建筑工程质量管理及相应法律责任等方面的内容。其中第五章"建筑安全生产管理"就安全生产的方针、原则，安全技术措施，安全工作职责与分工，安全教育和事故报告等方面作出了明确的规定，为解决建筑活动中存在的安全生产问题提供了法律武器。

2. 安全生产法

《中华人民共和国安全生产法》于 2002 年 6 月 29 日经第九届全国人民代表大会常务委员会第二十八次会议通过，2002 年 6 月 29 日中华人民共和国主席令第 70 号公布，自 2002 年 11 月 1 日起施行。2014 年 8 月 31 日第十二届全国人民代表大会常务委员会第十次会议通过全国人民代表大会常务委员会关于修改《中华人民共和国安全生产法》的决定，自2014年12月1日起施行。《安全生产法》是我国第一部全面规范安全生产的专门法律，是我国安全生产的主体法，是各类生产经营单位及其从业人员实现安全生产所必须遵循的行为准则，是各级人民政府及其有关部门进行安全生产监督管理和行政执法的主要依据。该法明确安全生产的运行机制和监管体制，确定了安全生产的基本法律制度，明确了对安全生产负有责任的各方主体和从业人员的权利、义务，以及应承担的法律责任。

3. 劳动法

《中华人民共和国劳动法》于1994年7月5日经第八届全国人民代表大会常务委员会第八次会议通过，1994年7月5日中华人民共和国主席令第28号发布，自1995年1月1日起施行，2018年12月29日第十三届全国人民代表大会常务委员会第七次会议对《劳动法》进行第二次修正，自公布之日起施行。《劳动法》对用人单位必须建立健全劳动安全卫生制度，严格执行国家劳动安全卫生规程和标准，对劳动者进行劳动安全卫生教育，提供劳动安全卫生条件和必要的劳动防护用品，防止劳动过程中的事故，减少职业危害以及劳动者的权利和义务等方面进行了规范。

4. 刑法

《中华人民共和国刑法》于1979年7月1日经第五届全国人民代表大会第二次会议通过，1997年3月14日第八届全国人民代表大会第五次会议修订，1997年3月14日中华人民共和国主席令第83号公布，自1997年10月1日起施行。根据2009年2月28日第十一届全国人民代表大会常务委员会第七次会议通过的《中华人民共和国刑法修正案（七）》，2017年11月4日，全国人大常委会开始审议刑法修正案（十）。继1997年全面修订刑法后，先后通过一个决定、十个修正案，对刑法作出修改、补充。在建筑施工活动中违反有关法律法规，造成严重安全生产后果的，应当根据《刑法》第134、135、136、137、139条承担相应的刑事责任。

5. 消防法

《中华人民共和国消防法》于1998年4月29日由第九届全国人民代表大会常务委员会第二次会议通过，中华人民共和国主席令第4号发布，2008年10月28日经第十一届全国人民代表大会常务委员会第五次会议修订，自2009年5月1日起施行。2019年4月23日第十三届全国人民代表大会常务委员会第十次会议对《消防法》进行修订，自2019年4月23日起施行。该法对从消防设计、审核、建筑构件和建筑材料的防火性能、消防设施的日常管理到工程建设各方主体应履行的消防责任和义务逐一进行了规范。如禁止在具有火灾、爆炸危险的场所吸烟、使用明火；因施工等特殊情况需要使用明火作业的，应当按照规定事先办理审批手续，采取相应的消防安全措施；进行电焊、气焊等具有火灾危险作业的人员和自动消防系统的操作人员，必须持证上岗等。

涉及建筑安全生产的其他法律还有《环境保护法》《环境噪声污染防治法》《固体废物污染环境防治法》和《大气污染防治法》等。

6. 特种设备法

《中华人民共和国特种设备安全法》于 2013 年 6 月 29 日由第十二届全国人民代表大会常务委员会第 3 次会议通过，中华人民共和国主席令第 4 号公布，自 2014 年 1 月 1 日起施行。《中华人民共和国特种设备安全法》分总则，生产、经营、使用，检验、检测，监督管理，事故应急救援与调查处理，法律责任，附则共 7 章 101 条。特种设备安全法突出了特种设备生产、经营、使用单位的安全主体责任，明确规定：在生产环节，生产企业对特种设备的质量负责。

2.2.2 建筑安全生产主要法规

在行政法规层面上，《建设工程安全生产管理条例》和《安全生产许可证条例》是建筑安全生产法规体系中主要的行政法规。

1. 《建设工程安全生产管理条例》

《建设工程安全生产管理条例》于 2003 年 11 月 12 日经国务院第 28 次常务会议通过，2003 年 11 月 24 日国务院令第 393 号发布，自 2004 年 2 月 1 日起施行。《建设工程安全生产管理条例》是我国第一部关于建筑安全生产管理的行政法规，是《建筑法》《安全生产法》等法律在建设领域的具体实施。

该条例较为详细地规定了工程建设各方主体的安全生产责任，以及政府部门对建设工程安全生产实施监督管理的责任等。

（1）明确了"安全第一，预防为主，综合治理"是建设工程的安全生产管理方针。

（2）规定了建设单位、勘察单位、设计单位、施工单位、工程监理单位以及设备材料供应单位、机械设备租赁单位，以及起重机械和整体提升脚手架、模板等自升式架设设施的安装、拆卸单位等与建设工程安全生产有关的单位应承担的相应安全生产责任。

（3）确立了建设工程安全生产的十三项基本管理制度。其中，涉及政府部门的安全生产监管制度有七项：依法批准开工报告的建设工程和拆除工程备案制度，三类人员考核任职制度，特种作业人员持证上岗制度，施工起重机械使用登记制度，政府安全监督检查制度，危及施工安全工艺、设备、材料淘汰制度和生产安全事故报告制度。涉及施工企业的安全生产制度有六项，即安全生产责任制度、安全生产教育培训制度、专项施工方案专家论证审查制度、施工现场消防安全责任制度、意外伤害保险制度和生产安全事故应急救援制度。

2. 《安全生产许可证条例》

《安全生产许可证条例》于 2004 年 1 月 7 日经国务院第 34 次常务会议通过，2004

年 1 月 13 日国务院令第 397 号发布施行,该条例于 2014 年 7 月 29 日《国务院关于修改部分行政法规的决定》进行修订,自公布之日起施行。该条例确立了企业安全生产的准入制度,对矿山企业、建筑施工企业和危险化学品、烟花爆竹、民用爆破器材生产企业实行安全生产许可制度。

涉及建筑安全生产的其他法规还有《特种设备安全监察条例》(国务院令第 549 号)、《生产安全事故报告和调查处理条例》(国务院令第 493 号)、《国务院关于进一步加强安全生产工作的决定》(国发〔2004〕2 号)、《国务院关于进一步加强企业安全生产工作的通知》(国发〔2010〕23 号)和《国务院关于特大安全事故行政责任追究的规定》(国务院令第 302 号)等。其中,《特种设备安全监察条例》对特种设备的生产、使用、检验检测和监督检查、事故预防和调查处理以及法律责任等方面作了相应规定;《生产安全事故报告和调查处理条例》对生产安全事故的等级、报告、调查和处理等方面作了相应规定。

2.2.3 建筑安全生产主要部门规章和规范性文件

1.《建筑起重机械安全监督管理规定》

《建筑起重机械安全监督管理规定》于 2008 年 1 月 8 日经建设部第 145 次常务会议通过,建设部令第 166 号发布,自 2008 年 6 月 1 日起施行。该规定对建筑起重机械的购置、租赁、安装、拆卸、使用及监督管理等环节作了规定,建立了设备的购置、报废、产权备案、安装拆卸告知和使用登记等制度,明确了起重机械设备安装、使用单位和工程总承包单位、工程监理单位的安全生产责任。

2.《建筑施工特种作业人员管理规定》

2008 年 4 月 28 日,住房和城乡建设部以建质〔2008〕75 号文下发了《建筑施工特种作业人员管理规定》(见附录 A)。该文件自 2008 年 6 月 1 日起施行,规定了建筑施工特种作业人员的范围、条件、考核、证书发放、从业和监督管理等。

3.《关于建筑施工特种作业人员考核工作的实施意见》

2008 年 7 月 28 日,住房和城乡建设部以建办质〔2008〕41 号文下发了《关于建筑施工特种作业人员考核工作的实施意见》(见附录 B),对建筑施工特种作业人员的考核目的、考核机关、操作范围、考核对象、考核条件、考核内容、考核标准和考核办法作了具体的规定。

4.《山东省建筑施工特种作业人员管理暂行办法》

2008 年 7 月 21 日,山东省建筑工程管理局以鲁建管发质〔2008〕12 号文印发了《山东省建筑施工特种作业人员管理暂行办法》。该文件对山东省建筑施工特种作业人员的安全技术培训、考核、发证、从业和监督管理等方面作出了明确规定,这是落实国家法律法规规定和国家建设主管部门要求,实现安全生产目标的必要措施,同时也是提高特种作业人员的安全技能和安全意识，确保安全作业，控制和减少安全事故的前提和基础。

2.3 从业人员权利义务和法律责任

《安全生产法》规定："生产经营单位的从业人员有依法获得安全生产保障的权利，并应当依法履行安全生产方面的义务。"

2.3.1 从业人员的权利

根据《安全生产法》《建筑法》《劳动法》和《建设工程安全生产管理条例》等法律法规，建筑施工作业人员在安全生产方面享有以下权利：

（1）获得安全防护用具和安全防护服装的权利——获得安全防护用具和安全防护服装，是作业人员的一项基本权利；向作业人员提供安全防护用具和安全防护服装，是施工单位的一项法定义务。施工单位购置的安全防护用具和安全防护服装必须符合国家标准或者行业标准。

（2）了解施工现场和工作岗位存在的危险因素、防范措施及事故应急措施的权利——作业人员了解施工现场和工作岗位存在的危险因素，如易燃易爆、有毒有害等危险物品及其可能对人体造成的伤害，高处作业、机械设备运转等存在的危险因素等，这不仅是从业人员的权利，也是其提高防范意识，实现自我保护，有效预防事故的发生和将事故损失降低到最低程度的有效途径。

（3）有权了解危险岗位的操作规程和违章操作的危害——施工单位书面告知作业人员危险岗位的操作规程和违章操作的危害，不得隐瞒、省略，更不能欺骗作业人员，这既是施工单位的法定义务，也是法律赋予作业人员的知情权。这有利于提高作业人员的安全生产意识和事故防范能力，减少事故发生。

（4）对安全生产工作中存在的问题提出批评、检举和控告的权利——施工作业人员直接从事施工作业，对本岗位、本工程项目的作业条件、作业程序和作业方式中存在的安全问题有最直接的感受，能够提出一些切中要害的、符合实际的合理化建议和批评意见，有利于施工单位和工程项目不断改进安全生产工作，减少工作当中的失误。对安全生产工作中存在的问题，如施工单位和工程项目违反安全生产法律、法规、规章等行为，作业人员有权向建设行政主管部门、负有安全生产监督管理职责的部门直至监察机关、地方人民政府等进行检举、控告，有利于有关部门及时了解、掌握施工单位安全生产工作中存在的问题，采取措施，制止和查处施工单位违反安全生产法律、法规的行为，防止生产安全事故的发生。

对作业人员的检举、控告，建设行政主管部门和其他有关部门应当查清事实，认真处理，不得压制和打击报复。

（5）有权拒绝违章指挥和强令冒险作业——违章指挥、强令冒险作业，侵犯了作业人员的合法权益，是严重的违法行为，也是导致安全事故的重要因素。法律赋予作业人员拒绝违章指挥和强令冒险作业的权利，对于维护正常的生产秩序，有效防止安全事故发生，保护作业人员自身的人身安全，具有十分重要的意义。

（6）现场紧急撤离避险权利——在施工中发生危及人身安全的紧急情况时，有权立即停止作业或者在采取必要的应急措施后撤离危险区域。建筑活动具有不可预测的风险，作业人员在施工过程中有可能会突然遇到直接危及人身安全的紧急情况，此时如果不停止作业或者撤离作业场所，就会造成重大的人身伤亡事故。法律赋予作业人员在上述紧急情况下可以停止作业以及撤离作业场所的权利，这对于保证作业人员的人身安全是十分重要的。

（7）享有工伤保险的权利——工伤保险是为了保障从业人员在工作中遭受事故伤害和患职业病后获得医疗救治、经济补偿和职业康复的权利。根据《工伤保险条例》规定，施工单位应当参加工伤保险，为本单位全部职工缴纳工伤保险费。2011年4月22日颁布的《建筑法》修正案规定："建筑施工企业应当依法为职工参加工伤保险缴纳工伤保险费。鼓励企业为从事危险作业的职工办理意外伤害保险，支付保险费。"

（8）享有获得工伤赔偿的权利——《安全生产法》规定："因生产安全事故受到损害的从业人员，除依法享有工伤社会保险外，依照有关民事法律尚有获得赔偿的权利的，有权向本单位提出赔偿要求。"赔偿责任，是指行为人因其行为导致他人财产或人身受到损害时，行为人以自己的财产补偿受害人损失的责任，其主要作用是补偿受害人的经济损失。施工作业人员因事故受到损害的，如果施工单位对事故的发生负有责任，除依法享有工伤社会保险外，还有权向本单位提出赔偿要求。

2.3.2 从业人员的义务

施工单位的从业人员在享有安全生产保障权利的同时，也必须履行相应的安全生产方面的义务。主要包括以下几方面：

（1）遵守安全生产相关的法律、法规和规章的义务——施工单位的作业人员在施工过程中，应当遵守安全生产相关的法律、法规和规章。这些安全生产的法律、法规和规章是总结安全生产的经验教训，根据科学规律和法定程序制定的，是实现安全生产的基本要求和保证，严格遵守是每一个作业人员的法律义务。

（2）遵守安全施工的强制性标准、本单位的规章制度和操作规程的义务——施工现场的作业人员是建筑活动的具体承担者之一，其能否严格遵守工程建设强制性标准、安全生产规章制度和安全操作规程，直接决定着施工过程能否安全。

（3）正确使用安全防护用具、机械设备的义务——作业人员应当正确使用安全防护用具，熟悉、掌握安全防护用具的构造、功能，掌握正确使用的有关知识，在作业过程中按照规则和要求正确佩戴和使用。作业人员应当正确使用机械设备，熟悉和了解所使用的机械设备的构造和性能，掌握安全操作知识和技能，遵照安全操作规程进行操作。

（4）接受安全生产教育培训，掌握所从事工作应具备的安全生产知识的义务——建筑活动的复杂性和多样性决定了安全生产知识和安全生产技能的复杂性和多样性。要保障安全生产，作业人员必须具备安全生产知识、技能以及事故预防和应急处理能力。施工作业人员有权享有、有义务接受社会、单位和工程项目组织的安全生产教育培训。

（5）发现事故隐患或者其他不安全因素，立即报告的义务——作业人员直接承担具体的作业活动，更容易发现事故隐患或者其他不安全因素。作业人员一旦发现事故隐患或者其他不安全因素，应当立即向现场安全管理人员或者本单位负责人报告，不得隐瞒不报或者拖延报告。

2.3.3 从业人员的法律责任

从业人员不服从管理，违反安全生产规章制度、操作规程和劳动纪律，冒险作业的，由单位给予批评教育，依照有关规章制度给予处分；造成重大伤亡事故或者其他严重后果的，依法追究其法律责任。通常情况下，所谓的法律责任包括行政责任和刑事责任。

1. 行政责任

行政责任是指违反有关行政管理法律、法规的规定，但尚未构成犯罪的违法行为所应承担的法律责任。追究行政责任通常以行政处分和行政处罚两种方式来实施。

（1）行政处分——行政处分是指国家机关、企事业单位根据法律、法规和规章的有关规定，按照管理权限，由所在单位或者其上级主管机关对犯有违法和违纪行为的国家工作人员及国有企业、国有控股公司有关人员所给予的一种制裁处理。处分的形式包括警告、记过、降级、降职、撤职和开除等。

（2）行政处罚——行政处罚是指国家行政机关对违法行为所实施的强制性惩罚措施，通常有以下六种：

1）警告，是指行政机关对违反行政法律规范行为的谴责和警示。

2）罚款，是指行政机关强迫违法行为人缴纳一定数额的货币。

3）责令停产停业，是指行政机关责令违法行为人停止生产、经营活动，从而限制或者剥夺违法行为人生产、经营能力的一种处罚。

4）暂扣或者吊销许可证、暂扣或者吊销执照，是指行政机关限制或取消组织或个人已取得的行政许可。

5）没收违法所得、没收非法财物，是指行政机关依法将行为人通过违法行为获取的财产收归国有。

6）行政拘留，是指特定行政机关（公安机关）对违反行政法律规范的公民，在短期内限制其人身自由的一种处罚。

2. 刑事责任

刑事责任是指责任主体实施刑事法律禁止的行为所应承担的法律后果。通俗地讲，刑事责任是指责任人因违反《刑法》相关条款而应承担的刑罚制裁的法律责任。根据《刑法》，作业人员在安全生产中触犯《刑法》的，应承担以下刑事责任：

（1）在生产、作业中违反有关安全管理的规定，因而发生重大伤亡事故或者造成其他严重后果的，处 3 年以下有期徒刑或者拘役；情节特别恶劣的，处 3 年以上 7 年以下有期徒刑。

（2）强令他人违章冒险作业，因而发生重大伤亡事故或者造成其他严重后果的，处 5 年以下有期徒刑或者拘役；情节特别恶劣的，处 5 年以上有期徒刑。

（3）违反爆炸性、易燃性、放射性、毒害性、腐蚀性物品的管理规定，在生产、储存、运输、使用中发生重大事故，造成严重后果的，处 3 年以下有期徒刑或者拘役；后果特别严重的，处 3 年以上 7 年以下有期徒刑。

（4）在安全事故发生后，负有报告职责的人员不报或者谎报事故情况，贻误事故抢救，情节严重的，处 3 年以下有期徒刑或者拘役；情节特别严重的，处 3 年以上 7 年以下有期徒刑。

2.4　建筑安全生产管理制度

2.4.1　安全生产责任制度

安全生产责任制度是建筑施工企业最基本的安全生产管理制度，是按照"安全第一，预防为主，综合治理"的安全生产方针和"管生产必须管安全"的原则，将企业各级负责人、各职能机构及其工作人员和各岗位作业人员在安全生产方面应做的工作及应负的责任加以明确规定的一种制度。安全生产责任制度是建筑施工企业所有安全规章制度的核心。

特种作业人员应当遵守安全生产规章制度，服从管理，坚守岗位，遵照操作规程操作，不违章作业，对本工种岗位的安全生产、文明施工负主要责任。特种作业人员安全生产责任制主要包含以下内容：

（1）认真贯彻、执行国家和省市有关建筑安全生产的方针、政策、法律法规、规章、标准、规范和规范性文件。

（2）认真学习、掌握本岗位的安全操作技能，提高安全意识和自我保护能力。

（3）严格遵守本单位的各项安全生产规章制度。

（4）遵守劳动纪律，不违章作业，拒绝违章指挥。

（5）积极参加本班组的班前安全活动。

（6）严格按照操作规程和安全技术交底进行作业。

（7）正确使用安全防护用具、机械设备。

（8）发生生产安全事故后，保护好事故现场，并按照规定的程序及时如实报告。

2.4.2 安全生产教育培训制度

施工单位应当建立健全安全生产教育培训制度，落实对特种作业人员的安全生产教育培训工作。特种作业人员必须接受下列培训教育：

1. 三级教育

建筑施工企业对新进场工人进行的安全生产基本教育，包括公司级安全教育（第一级教育）、项目级安全教育（第二级教育）和班组级安全教育（第三级教育），俗称三级教育。

新进场的特种作业人员必须接受三级安全教育培训，并经考核合格后，方能上岗。

（1）公司级安全教育，由企业安全教育部门实施，应包括以下主要内容：

1）国家和地方有关安全生产方面的方针、政策及法律法规。

2）建筑行业作业特点及其与安全生产的关系。

3）安全生产的目的和意义。

4）施工安全、职业健康和劳动保护的基本知识。

5）建筑施工人员安全生产方面的权利和义务。

6）本企业的施工生产特点及安全生产管理规章制度、劳动纪律。

（2）项目级安全教育，由工程项目部组织实施，应包括以下主要内容：

1）施工现场安全生产和文明施工规章制度。

2）工程概况、施工现场作业环境和施工安全特点。

3）机械设备、电气安全及高处作业的安全基本知识。

4）防火、防毒、防尘、防爆基本知识。

5）常用劳动防护用品佩戴、使用的基本知识。

6）危险源、重大危险源的辨识和安全防范措施。

7）生产安全事故发生时自救、排险、抢救伤员、保护现场和报告等应急措施。

8）紧急情况和重大事故应急预案。

（3）班组级安全教育，由班组长组织实施，应包括以下主要内容：

1）本班组劳动纪律和安全生产、文明施工要求。

2）本班组作业环境、作业特点和危险源。

3）本工种安全技术操作规程及基本安全知识。

4）本工种涉及的机械设备、电气设备及施工机具的正确使用和安全防护要求。

5）采用新技术、新工艺、新设备、新材料施工的安全生产知识。

6）本工种职业健康要求及劳动防护用品的主要功能、正确佩戴和使用方法。

7）本班组施工过程中易发事故的自救、排险、抢救伤员、保护现场和及时报告等应急措施。

2. 年度安全教育培训

特种作业人员应参加年度安全教育培训，培训时间不少于 24 学时。其教育培训情况记入个人工作档案。安全生产教育培训考核不合格的人员，不得上岗。

3. 经常性教育

建筑施工企业应坚持开展经常性安全教育。经常性安全教育宜采用安全生产讲座、安全生产知识竞赛、广播、播放音像制品、文艺演出、简报、通报、黑板报等形式，也可在施工现场设置安全教育宣传栏、张挂安全生产宣传标语。特种作业人员应积极参加和接受经常性的安全教育。

4. 转场、转岗安全教育培训

作业人员进入新的施工现场前，施工单位必须根据新的施工作业特点组织开展有针对性的安全生产教育，使作业人员熟悉新项目的安全生产规章制度，了解工程项目特点和安全生产应注意的事项。

作业人员进入新的岗位作业前，施工单位必须根据新岗位的作业特点组织开展有针对性的安全生产教育培训，使作业人员熟悉新岗位的安全操作规程和安全注意事项，掌握新岗位的安全操作技能。

5. 新技术、新工艺、新材料、新设备安全教育培训

采用新技术、新工艺、新材料或者使用新设备的工程，施工单位应当充分了解和研究，掌握其安全技术特性，有针对性地采取有效的安全防护措施，并对作业人员进行教育培训。特种作业人员应接受相应的教育培训，掌握新技术、新工艺、新材料或者新设备的操作技能和事故防范知识。

6. 季节性安全教育

季节性施工主要是指夏季和冬季施工。季节性安全教育是针对气候特点可能给施工安全带来危害而组织的安全教育，例如高温、严寒、台风、雨雪等特殊气候条件下施工时，建筑施工企业应结合实际情况，对作业人员进行有针对性的安全教育。

7. 节假日安全教育

节假日安全教育是针对节假日（如元旦、春节、劳动节、国庆节）期间和前后，职工的思想和工作情绪不稳定，思想不集中，注意力分散，为防止职工纪律松懈、思想麻痹等进行的安全教育。同时，对节日期间施工、消防、生活用电、交通、社会治

安等方面应当注意的事项进行告知性教育。

2.4.3 班前安全活动制度

施工班组在每天上岗前进行的安全活动，称为班前安全活动。建筑施工企业必须建立班前安全活动制度。施工班组应每天进行班前安全活动，填写班前安全活动记录表。班前安全活动由班组长组织实施，包括以下主要内容：

（1）前一天安全生产工作小结，包括施工作业中存在的安全问题和应吸取的教训。

（2）当天工作任务及安全生产要求，针对当天的作业内容和环节、危险部位和危险因素、作业环境和气候情况提出安全生产要求。

（3）班前的安全教育，包括项目和班组的安全生产动态、国家和地方的安全生产形势、近期安全生产事件及事故案例教育。

（4）岗前安全隐患检查及整改，具体检查机械、电气设备、防护设施、个人安全防护用品及作业人员的安全状态。

2.4.4 安全专项施工方案制度

所谓建筑工程安全专项施工方案，是指建筑施工过程中，施工单位在编制施工组织（总）设计的基础上，对危险性较大的分部分项工程，依据有关工程建设标准、规范和规程，单独编制的具有针对性的安全技术措施文件。

达到一定规模的危险性较大的分部分项工程以及涉及新技术、新工艺、新设备和新材料的工程，因其复杂性和危险性，在施工过程中易发生事故，导致重大人身伤亡或产生不良社会影响。

施工单位、监理单位要建立专项方案的编制、审查、论证、审批和实施制度，保证方案的针对性、可行性和可靠性，并严格按照方案组织施工。

1. 安全专项施工方案的编制范围

（1）临时用电设备在 5 台及以上或设备总容量在 50kW 及以上的施工现场临时用电工程。

（2）土石方开挖工程

1）开挖深度 3m 及以上的基坑（沟、槽）的土方开挖工程。

2）地质条件和周围环境复杂的基坑（沟、槽）的土方开挖工程。

3）凿岩、爆破工程。

（3）基坑支护工程

1）开挖深度 3m 及以上的基坑（沟、槽）支护工程。

2）地质条件和周边环境复杂的基坑（沟、槽）支护工程。

（4）基坑降水工程

1）需要采取人工降低水位，且开挖深度 3m 及以上的基坑工程。

2）需要采取人工降低水位，且地质条件和周边环境复杂的基坑工程。

（5）模板工程及支撑体系

1）工具式模板工程，包括滑模、爬模、飞模和大模板等；

2）混凝土模板支架工程：搭设高度 5m 及以上的；搭设跨度 10m 及以上的；施工总荷载 $10kN/m^2$ 及以上的；集中线荷载 15kN/m 及以上的；高度大于支撑水平投影宽度且相对独立、无结构可连接的；

3）用于钢结构安装等满堂承重支撑系统工程。

（6）脚手架工程

1）落地式钢管脚手架。

2）附着升降脚手架。

3）悬挑式脚手架。

4）高处作业吊篮。

5）自制卸料平台、移动操作平台。

6）新型及异型脚手架。

（7）起重吊装工程

1）采用非常规起重设备、方法，且单件起吊重量在 10kN 及以上的起重吊装工程。

2）采用起重机械设备进行安装的工程。

（8）起重机械设备拆装工程

1）塔式起重机的安装、拆卸、顶升。

2）施工升降机的安装、拆卸。

3）物料提升机的安装、拆卸。

（9）拆除、爆破工程

1）建筑物、构筑物拆除工程。

2）采用爆破拆除的工程。

（10）其他危险性较大的工程

1）建筑幕墙安装工程。

2）预应力结构张拉工程。

3）钢结构及网架工程。

4）索膜结构安装工程。

5）地下暗挖、隧道、顶管施工及水下作业工程。

6）水上桩基工程。

7）人工挖扩孔桩工程。

8）采用新技术、新工艺、新材料、新设备可能影响工程质量和施工安全，尚无技术标准的分部分项工程，以及其他需要编制专项方案的工程。

2. 专家论证的安全专项施工方案范围

有些工程由于其技术十分复杂，施工难度较大，一般的安全技术方案仍然不能保证施工安全，需要请专家对方案进行论证、审查。下列危险性较大的分部分项工程，应由工程技术人员组成的专家组对安全专项施工方案进行论证、审查。

（1）深基坑工程

1）开挖深度 5m 及以上的深基坑（沟、槽）的土方开挖、支护和降水工程。

2）地质条件、周围环境或地下管线较复杂的基坑（沟、槽）的土方开挖、支护和降水工程。

3）可能影响毗邻建筑物、构筑物结构和使用安全的基坑（沟、槽）的开挖、支护及降水工程。

（2）模板工程及支撑体系

1）混凝土模板支撑工程：搭设高度 8m 及以上的；搭设跨度 18m 及以上的；施工总荷载 15kN/m² 及以上的；集中线荷载 20kN/m 及以上的。

2）滑模、爬模、飞模等工具式模板工程。

3）承重支撑体系：用于钢结构安装等满堂支撑体系，承受单点集中荷载 7kN 以上的。

（3）脚手架工程

1）搭设高度 50m 及以上落地式钢管脚手架工程。

2）悬挑高度 20m 及以上悬挑式脚手架工程。

3）提升高度 150m 及以上附着升降脚手架工程。

（4）起重吊装工程

1）采用非常规起重设备、方法，且单件起吊重量在 100kN 及以上的起重吊装工程。

2）2 台及以上起重机抬吊作业工程。

3）跨度 30m 以上的结构吊装工程。

（5）起重机械安装拆卸工程

1）起重量 300kN 及以上的起重设备安装拆卸工程。

2）高度 200m 及以上内爬起重设备的拆卸工程。

（6）拆除、爆破工程

1）采用爆破拆除的工程。

2）码头、桥梁、烟囱、水塔和高架等建筑物、构筑物的拆除工程。

3）拆除中容易引起有毒有害气（液）体或粉尘扩散、易燃易爆事故发生的特殊建筑物、构筑物的拆除工程。

4）可能影响行人、交通、电力设施、通信设施或其他建筑物、构筑物安全的拆除工程。

5）文物保护建筑、优秀历史建筑或历史文化风景区控制范围的拆除工程。

（7）其他工程

1）施工高度50m及以上的建筑幕墙安装工程。

2）跨度大于36m及以上的钢结构安装工程。

3）跨度大于60m及以上的网架和索膜结构安装工程。

4）开挖深度超过16m的人工挖孔桩工程。

5）地下暗挖、隧道、顶管及水下作业工程。

6）采用新技术、新工艺、新材料、新设备可能影响工程质量和施工安全，尚无技术标准的分部分项工程，以及其他需要专家论证的工程。

3. 安全专项施工方案的编制

安全专项施工方案的编制人员，应具有本专业中级及以上专业技术职称。建筑工程实行施工总承包的，专项方案应当由施工总承包单位组织编制。其中，实行分包的起重机械安装拆卸、深基坑、附着式升降脚手架、建筑幕墙、钢结构等专业工程，其专项方案可由专业承包单位组织编制。专项方案主要应包括以下内容：

（1）工程概况：危险性较大的分部分项工程概况、施工平面布置、施工要求和技术保证条件。

（2）编制依据：相关法律法规、规范性文件、标准、规范及图纸（国标图集）、施工组织设计等。

（3）施工计划：包括施工进度计划、材料与设备计划。

（4）施工工艺技术：技术参数、工艺流程、施工方法和检查验收等。

（5）施工安全保证措施：组织保障、技术措施、应急预案和监测监控等。

（6）劳动力计划：专职安全生产管理人员、特种作业人员等。

（7）计算书及相关图纸。

4. 安全专项施工方案的审批

专项方案应当由施工单位技术部门组织本单位施工技术、安全、质量等部门的专业技术人员进行审核。经审核合格的，由施工单位技术负责人签字。实行施工总承包的，专项方案应当由总承包单位技术负责人及相关专业承包单位技术负责人签字。

不需专家论证的专项方案，经施工单位审核合格后报监理单位，由项目总监理工程师审核签字。

5. 安全专项施工方案的专家论证

超过一定规模的危险性较大的分部分项工程专项方案应当由施工单位组织召开专家论证会。实行施工总承包的，由施工总承包单位组织召开专家论证会。专家组一般由 5 名以上专家组成，本项目参建各方的人员一般不以专家身份参加专家组。

施工单位应当根据论证报告修改完善专项方案，并经施工单位技术负责人、项目总监理工程师、建设单位项目负责人签字后，方可组织实施。实行施工总承包的，应当由施工总承包单位、相关专业承包单位技术负责人签字。

2.4.5 安全技术交底制度

安全技术交底是指将预防和控制安全事故发生及减少其危害的安全技术措施以及工程项目、分部分项工程概况向作业班组、作业人员作出的说明。安全技术交底制度是施工单位有效预防违章指挥、违章作业和伤亡事故发生的一种有效措施。

1. 安全技术交底的程序和要求

施工前，施工单位的技术人员应当将工程项目、分部分项工程概况以及安全技术措施要求向施工作业班组、作业人员进行安全技术交底，使全体作业人员明白工程施工特点及各施工阶段安全施工的要求，掌握各自岗位职责和安全操作方法。安全技术交底应符合下列要求：

（1）施工单位负责项目管理的技术人员向施工班组长、作业人员进行交底。

（2）交底必须具体、明确，针对性强。

（3）各工种的安全技术交底一般与分部分项安全技术交底同步进行，对施工工艺复杂、施工难度较大或作业条件危险的，应当单独进行各工种的安全技术交底。

（4）交接底应当采用书面形式，交接底双方应当签字确认。

2. 安全技术交底的主要内容

（1）工程项目和分部分项工程的概况。

（2）工程项目和分部分项工程的危险部位。

（3）针对危险部位采取的具体防范措施。

（4）作业中应注意的安全事项。

（5）作业人员应遵守的安全操作规程、工艺要点。

（6）作业人员发现事故隐患后应采取的措施。

（7）发生事故后应采取的避险和急救措施。

2.4.6 安全检查制度

《建设工程安全生产管理条例》规定，施工单位应当对所承担的建设工程进行定期和专项安全检查，并做好安全检查记录。

安全检查，是指对生产过程及安全管理中可能存在的隐患、有害与危险因素、缺陷等进行查证，以确定隐患与危险因素、缺陷的存在状态，分析可能转化为事故的条件，制定整改措施，消除隐患与危险因素，确保安全生产的工作方法。

1. 安全检查的方式

安全检查的方式主要包括综合性检查、经常性检查、专项检查、季节性检查、定期检查、不定期检查等。

2. 安全检查的程序

（1）检查准备：确定检查对象、目的和任务；制定检查计划，确定检查内容、方法和步骤；组织检查人员（配备专业人员），成立检查组织；准备必要的检测工具、仪器、检查表格和记录本。

（2）检查实施：查阅有关安全生产的文件和资料并进行检查访谈；通过现场观察和仪器测量进行实地检查。

（3）综合分析：根据检查情况作出安全检查结论；指出事故隐患和存在问题；提出整改建议和意见。

（4）整改复查：监督被检查单位对安全检查中发现的问题和隐患，应定人、定时间、定措施组织整改；被检查单位将整改情况报检查组织；检查组织应当跟踪复查复查隐患整改情况。

（5）总结改进：被检查单位对安全检查中发现的问题，进行统计、分析；确定多发和重大隐患，制定治理预防措施；实施治理预防措施。

（6）建档备案：检查组织建立并保存安全检查资料与记录；被检查单位（包含工程项目）建立并保存安全检查和改进活动的资料与记录。

3. 施工现场安全检查

建筑施工现场的安全检查是做好工程项目安全管理的重要手段，检查评定的主要依据是《建筑施工安全检查标准》JGJ 59—2011。

建筑施工安全检查评分表是指《建筑施工安全检查标准》JGJ 59—2011 所规定的检查评分表，是建筑施工现场安全检查的主要格式化文件，被广泛应用。该标准于1988 年由建设部颁布，1999 年进行了第一次修订，2011 年进行了第二次修订，形成现行版本。现行版本主要包括总则、术语、检查评定项目、检查评分方法和检查评分等级五大部分。该标准是建筑安全标准化的主要组成部分，适用于房屋建筑工程现场安全生产的检查评定，评定分为优良、合格和不合格三个等级，当评定等级为不合格时，必须整改达到合格。

2.4.7 隐患排查治理制度

1. 隐患排查治理制度内容

施工单位是建筑施工事故隐患排查、治理和防控的责任主体，应当建立和完善隐患排查治理制度。主要包括以下内容：

（1）建立健全事故隐患排查治理和建档监控等制度，逐级落实从主要负责人到每个从业人员的隐患排查治理和监控职责。

（2）建立资金使用专项制度，保证事故隐患排查治理所需资金的投入。

（3）组织人员对工程项目存在的事故隐患进行排查整治。

（4）制定事故隐患报告和举报奖励措施，鼓励、发动职工发现和排除事故隐患，鼓励社会公众举报。

2. 隐患排查治理实施

（1）施工单位应当落实隐患排查制度，定期组织安全生产管理人员、工程技术人员和其他相关人员排查每一个工程项目的重大隐患，特别是对深基坑、高支模、地铁隧道等技术难度大、风险高的重要工程应重点定期排查。

（2）对排查出的事故隐患，应当按照事故隐患的等级进行登记，建立事故隐患信息档案，并按照职责分工实施监控治理。事故隐患治理方案应当包括：治理的目标和任务；采取的方法和措施；经费和物资的落实；负责治理的机构和人员；治理的时限和要求。

（3）施工单位在事故隐患治理过程中，应当采取相应的安全防范措施，防止事故发生。事故隐患排除前或者排除过程中无法保证安全的，应当从危险区域内撤出作业人员，并疏散可能危及的其他人员，设置警戒标志，暂时停止施工，防止事故发生。

（4）施工单位应加强对自然灾害的预防。对于因自然灾害可能导致事故灾难的隐患，应按照有关法律、法规、标准的要求排查治理，采取可靠的预防措施，制定应急预案。在接到有关自然灾害预报时，应及时向下属单位发出预警通知；发生可能危及人员安全的自然灾害时，应当采取撤离人员、停止作业、加强监测等安全措施，并及时向建设单位和有关部门报告。

未施工单位应当每季、每年对本单位事故隐患排查治理情况进行统计分析，形成隐患排查治理报告，并分类建档。隐患排查治理报告内容应当包括：隐患的现状及其产生原因；隐患的危害程度和整改难易程度分析；隐患的治理方案。

3 建筑施工特种作业人员管理制度

建筑施工特种作业人员管理制度是指为了加强对特种作业人员的管理，确保特种作业人员本人和他人的安全，保证生产顺利进行而制定的一系列管理制度。包括相关法律法规、规章和标准中有关特种作业人员的规定以及建筑施工企业在贯彻执行国家、地方有关规定的基础上，结合企业自身特点所制定的特种作业人员管理制度。

3.1 建筑施工特种作业概述

3.1.1 建筑施工特种作业概念

1. 建筑施工特种作业

所谓建筑施工特种作业，是指在建筑施工活动中，对操作者本人、他人及周围设备设施的安全可能造成重大危害的作业。

按照住房和城乡建设部的规定，目前建设主管部门管理的建筑施工特种作业主要包括：

（1）建筑电工作业。

（2）建筑架子工作业。

（3）建筑起重信号司索作业。

（4）建筑起重机械司机作业。

（5）建筑起重机械安装拆卸作业。

（6）高处作业吊篮安装拆卸作业。

（7）经省级以上建设主管部门认定的其他特种作业。

建筑施工现场虽然有厂内机动车辆驾驶和爆破等特种作业，但目前暂未纳入建设主管部门管理。山东省将建筑焊接切割作业纳入建筑施工特种作业管理。

2. 建筑施工特种作业人员

在生产过程中直接从事特种作业的人员统称为特种作业人员。所谓建筑施工特种作业人员，是指在建筑施工现场从事建筑施工特种作业的人员。目前，山东省建筑工程管理部门主要对在房屋建筑施工现场从事建筑施工特种作业的人员进行管理。

3.1.2 建筑施工特种作业人员

从事建筑施工特种作业人员首先要通过主管部门考核，取得建筑施工特种作业从业资格。

持有资格证书的人员，应当受聘于建筑施工企业或者建筑起重机械出租单位，方可从事相应的特种作业。首次取得建筑施工特种作业操作资格证书的人员实习操作不得少于 3 个月。否则，不得独立上岗作业。

建筑施工特种作业人员应当严格按照安全技术标准、规范和规程进行作业，正确佩戴和使用安全防护用品，并按规定对作业工具和设备进行维护保养。建筑施工特种作业人员应当参加年度安全教育培训或者继续教育，每年不得少于 24 小时。

在施工中发生危及人身安全的紧急情况时，建筑施工特种作业人员有权立即停止作业或者撤离危险区域，并向施工现场专职安全生产管理人员和项目负责人报告。

3.1.3 建筑施工特种作业范围

为了规范各工种的岗位责任，山东省建筑工程管理局将房屋建筑施工现场的建筑施工特种作业划分为建筑电工、普通建筑架子工、附着升降脚手架建筑架子工、建筑起重司索信号工、塔式起重机司机、施工升降机司机、物料提升机司机、塔式起重机安装拆卸工、施工升降机安装拆卸工、物料提升机安装拆卸工、高处作业吊篮安装拆卸工和建筑电气焊接（切割）工等 12 个岗位工种。各岗位工种的具体操作范围规定如下：

（1）建筑电工：在建筑工程施工现场从事临时用电作业，具体是指在建筑施工现场直接从事临时供电线路、配电装置的敷设、安装、测试、维修、检查和拆除等作业的人员，不包括从事建筑工程和工业设备电气安装作业的人员。

（2）建筑架子工（普通脚手架）：在建筑工程施工现场从事落地式脚手架、悬挑式脚手架、模板支架、外电防护架、卸料平台、洞口临边防护等登高架设、维护和拆除作业，不包括附着式升降脚手架的安装、升降、维护和拆卸以及物料提升机（井架、龙门架）、高处作业吊篮的搭设、拆除等作业的人员。

（3）建筑架子工（附着升降脚手架）：在建筑工程施工现场从事附着升降脚手架的安装、升降、维护和拆卸作业，不包括普通脚手架的施工作业的人员。

（4）建筑起重司索信号工：在建筑工程施工现场从事对起吊物体进行绑扎、挂钩等司索作业和起重指挥作业的人员。

（5）塔式起重机司机：在建筑工程施工现场从事固定式、轨道式和内爬升式塔式起重机的驾驶操作，不包括汽车式、轮胎式和履带式起重机驾驶操作作业的人员。

（6）施工升降机司机：在建筑工程施工现场从事施工升降机的驾驶操作，不包括塔式起重机的驾驶操作作业的人员。

（7）物料提升机司机：在建筑工程施工现场从事物料提升机的驾驶操作，不包括塔式起重机、施工升降机的驾驶操作作业的人员。

（8）塔式起重机安装拆卸工：在建筑工程施工现场从事固定式、轨道式和内爬升式塔式起重机的安装、附着、顶升和拆卸作业的人员。

（9）施工升降机安装拆卸工：在建筑工程施工现场从事施工升降机的安装、附着、加节和拆卸作业，不包括塔式起重机的安装拆卸作业的人员。

（10）物料提升机安装拆卸工：在建筑工程施工现场从事物料提升机的安装、附着、加节和拆卸作业，不包括塔式起重机和施工升降机的安装拆卸作业的人员。

（11）高处作业吊篮安装拆卸工：在建筑工程施工现场从事高处作业吊篮的安装和拆卸作业，不包括塔式起重机、施工升降机和物料提升机的安装拆卸作业的人员。

（12）建筑电气焊接（切割）工：在建筑工程施工现场从事手工焊条电弧焊、气焊、气割等电气焊接、切割作业的人员。

其中，前 11 个工种是住房和城乡建设部统一规定设立的工种，第 12 个工种是根据住房和城乡建设部文件规定并结合山东省实际自行设定的工种。

3.2　建筑施工特种作业人员管理

3.2.1　安全技术培训

《安全生产法》规定："生产经营单位的特种作业人员必须按照国家有关规定经专门的安全作业培训，取得特种作业操作证书，方可上岗操作。"

特种作业人员上岗前必须接受本工种专门的安全操作技能培训，这是国家法律强制的培训要求。培训内容包括安全技术理论和实际操作技能。其中，安全技术理论包括安全生产基本知识、专业基础知识和专业技术理论等内容；实际操作技能主要包括安全操作要领，常用工具的使用，主要材料、元配件、隐患的辨识，安全装置调试，故障排除，紧急情况处理等技能。

从事特种作业人员培训的机构，应当按照规定的内容和学时培训，并为培训合格人员出具培训证明。

3.2.2　职业资格考核

特种作业人员必须经有关业务主管部门对其安全操作技能进行考核。

1. 考核机构

按照住房和城乡建设部的规定，建筑施工特种作业人员的考核发证工作，由省、自治区、直辖市人民政府建设主管部门或其委托的考核发证机构负责组织实施。

2. 考核条件

申请参加特种作业人员考核的人员应当具备下列基本条件：

（1）年满 18 周岁且符合相应特种作业规定的年龄要求。

（2）经医院体检合格且无妨碍从事相应特种作业的疾病和生理缺陷。

（3）初中及以上学历。

（4）符合相应特种作业需要的其他条件。

3. 考核内容

建筑施工特种作业人员考核内容包括安全技术理论和安全操作技能。

考核内容分掌握、熟悉、了解三类。其中，掌握即要求能运用相关特种作业知识解决实际问题，熟悉即要求能较深地理解相关特种作业安全技术知识，了解即要求具有相关特种作业的基本知识。

4. 考核方法

考核标准按照山东省建筑工程管理局《山东省建筑施工特种作业人员安全技术考核标准（试行）》规定执行。

（1）安全技术理论考核，采用闭卷笔试方式。考核时间为 1 小时，实行百分制，60 分为合格。

（2）安全操作技能考核，采用实际操作（或模拟操作）、口试等方式。考核实行百分制，70 分为合格。

（3）安全技术理论考核不合格的，不得参加安全操作技能考核。安全技术理论考试和实际操作技能考核均合格的，为考核合格。

（4）考核不合格的，允许补考一次；补考仍不合格的，应当重新接受专门培训。

3.2.3 从业

（1）持有有效特种作业人员操作资格证书的人员，应当在受聘于建筑施工企业或者建筑起重机械出租等单位，并与用人单位订立劳动合同后，方可从事相应的特种作业。

（2）首次取得资格证书的特种作业人员，在正式上岗前，应当在参加不少于 3 个月的实习操作合格后，才可独立上岗作业。

1）实习操作期间，用人单位应当指定专人指导和监督作业。

2）指导人员应当从取得相应特种作业资格证书并从事相关工作 3 年以上、无不良记录的熟练工中选择。

3）实习操作期满，经用人单位考核合格，方可独立作业。

（3）特种作业从业人员应严格在其资格证书的操作范围内作业。

（4）特种作业从业人员应当严格遵守国家有关管理规定、本单位的特种作业安全操作规程和有关安全管理制度。

3.2.4　操作资格证书管理

1. 有效期

建筑施工特种作业操作资格证书有效期为两年。

2. 持证

特种作业人员进行作业时，应当随身携带建筑施工特种作业操作资格证书，并自觉接受用人单位、监理单位和建筑工程管理部门、建筑施工安全生产监督管理机构等部门机构的监督检查。任何人都不得非法涂改、扣押、倒卖、出租、出借或者以其他形式转让资格证书。

3. 延期复核

（1）延期复核的申请——建筑施工特种作业操作资格证书有效期满需要延期的，持证人应当于期满前 3 个月内向原考核发证机关申请办理延期复核手续。建筑施工特种作业人员申请延期复核，应当提交下列材料：

1）身份证。

2）由二级乙等以上医院出具的 3 个月以内的体检合格证明。

3）年度安全教育培训证明和继续教育证明。

4）用人单位出具的特种作业人员管理档案记录。

5）考核发证机关规定提交的其他资料。

（2）延期复核结果——分合格和不合格两种。延期复核合格的，资格证书有效期延期两年。建筑施工特种作业人员在资格证书有效期内，有下列情形之一的，延期复核结果为不合格：

1）超过相关工种规定年龄要求的。

2）身体健康状况不再适应相应特种作业岗位的。

3）对生产安全事故负有责任的。

4）两年内违章操作记录达 3 次以上（含 3 次）的。

5）未按规定参加年度安全教育培训或者继续教育的。

6）考核发证机关规定的其他情形。

4. 证书的撤销和注销

（1）证书的撤销——有下列情形之一的，考核发证机关将撤销资格证书：

1）持证人弄虚作假骗取资格证书或者办理延期复核手续的。

2）考核发证机关工作人员违反规定程序核发操作资格证书的。

3）考核发证机关工作人员对不具备申请资格或者不符合规定条件的申请人核发操作资格证书的。

4）考核发证机关规定应当撤销的其他情形。

（2）证书的注销——有下列情形之一的，考核发证机关将注销资格证书：

1）依法不予延期的。

2）持证人逾期未申请办理延期复核手续的。

3）持证人死亡或者不具有完全民事行为能力的。

4）考核发证机关规定应当注销的其他情形。

4 个人安全防护用品

建筑施工作业环境复杂，露天和交叉作业多、手工操作多，正确使用、佩戴个人安全防护用品，是减少和防止事故发生的重要措施。

4.1 安全防护用品管理

安全防护用品，也称劳动保护用品，是指在施工作业过程中能够对作业人员的人身起保护作用，使作业人员免遭或减轻各种人身伤害或职业危害的用品。

4.1.1 安全防护用品种类

安全防护用品按照防护部位分为以下八类。

（1）头部防护类：安全帽、工作帽。

（2）眼、面部防护类：护目镜、防护罩（分防冲击型、防腐蚀型和防辐射型等）。

（3）听觉、耳部防护类：耳塞、耳罩和防噪声帽等。

（4）手部防护类：防腐蚀、防化学药品手套，绝缘手套，搬运手套，防火防烫手套等。

（5）足部防护类：绝缘鞋、保护足趾安全鞋、防滑鞋、防油鞋和防静电鞋等。

（6）呼吸器官防护类：防尘口罩、防毒面具等。

（7）防护服类：防火服、防烫服、防静电服、防酸碱服等，包括防雨、防寒服装，专用标志服装和一般工作服装。

（8）防坠落类：安全带、安全绳和防坠器等。

4.1.2 安全防护用品配置

建筑施工企业必须根据作业人员的施工环境、作业需要，按照规定配发安全防护用品，并监督其正确佩戴和使用。

（1）施工现场的作业人员必须戴安全帽、穿工作鞋和工作服；特殊情况下可不戴安全帽时，如留长发从事机械作业则必须戴工作帽。

（2）雨季施工应提供雨衣、雨裤和雨鞋，冬季严寒地区应提供防寒工作服。

（3）处于无可靠安全防护设施的高处作业时，必须系安全带。

（4）从事电钻、砂轮等手持电动工具作业，操作人员必须穿绝缘鞋、戴绝缘手套和防护眼镜。

（5）从事蛙式夯实机、振动冲击夯作业，操作人员必须穿具有电绝缘功能的保护足趾安全鞋、戴绝缘手套。

（6）从事可能飞溅渣屑的机械设备作业，操作人员必须戴防护眼镜。

（7）从事脚手架作业，操作人员必须穿灵便、紧口的工作服和系带的高腰布面胶底防滑鞋，戴工作手套；高处作业时，必须系安全带。

（8）从事电气作业，操作人员必须穿电绝缘鞋和灵便、紧口的工作服。

（9）从事焊接作业，操作人员必须穿阻燃防护服、电绝缘鞋、鞋盖，戴绝缘手套和焊接防护面罩、防护眼镜等劳动防护用品，且符合下列要求：

1）在高处作业时，必须戴安全帽与面罩连接式焊接防护面罩，系阻燃安全带。

2）从事清除焊渣作业，应戴防护眼镜。

3）在封闭的室内或容器内从事焊接作业，必须戴焊接专用防尘防毒面罩。

（10）从事塔式起重机及垂直运输机械作业，操作人员必须穿系带的高腰布面胶底防滑鞋、紧口工作服，戴手套；信号指挥人员应穿专用标志服装，强光环境条件下作业，应戴有色防护眼镜。

4.1.3 安全防护用品管理制度

施工单位应建立包括购置、验收、登记、发放、保管、使用、更换和报废等内容的安全防护用品管理制度，安全防护用品必须由专人管理，定期进行检查，并按照国家有关规定及时报废、更新。

1. 安全防护用品的购置

购置安全帽、安全带等安全防护用品，施工单位应当查验其生产许可证和产品合格证。经查验不符合国家或行业安全技术标准的产品，不得购置。

2. 安全防护用品的发放

安全防护用品的发放和管理，坚持"谁用工，谁负责"的原则。施工作业人员所在施工单位必须按国家规定免费发放安全防护用品，更换已损坏或已到使用期限的安全防护用品，不得收取或变相收取任何费用。安全防护用品必须以实物形式发放，不得以货币或其他物品替代。

3. 安全防护用品的检查

施工单位对安全防护用品要定期进行检验，发现不合格产品应及时进行更换。

4.2 常用的个人安全防护用品

建筑施工现场常用的个人安全防护用品主要包括安全帽、安全带以及安全防护鞋、防护眼镜、防护手套、防尘口罩等。

4.2.1　安全帽

安全帽是指对人头部受坠落物及其他特定因素引起的伤害起防护作用的帽，由帽壳、帽衬、下颏带和附件组成。帽壳使用的材质主要有低压聚乙烯、ABS（工程塑料）、玻璃钢以及竹藤等。如图 4-1 所示为施工现场常见的塑料安全帽。

1. 使用范围

进入建筑施工现场的所有人员都必须佩戴安全帽。

2. 使用前检查

安全帽在佩戴使用前，应对以下主要项目进行检查，发现不符合要求的，应立即更换。

（1）是否有产品合格证。

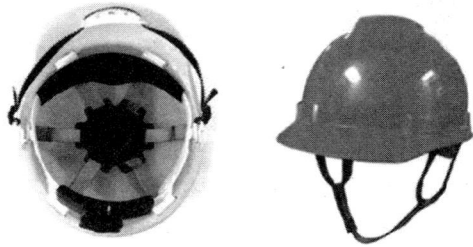

图 4-1　施工现场常见的塑料安全帽

（2）帽壳是否有破损、龟裂、下凹、裂痕和磨损。

（3）帽衬的帽箍、吸汗带、缓冲垫和衬带等部件是否齐全有效。

（4）下颏带的系带、锁紧卡等部件是否齐全有效。

3. 使用注意事项

（1）使用前应根据自己头型将帽箍调节至适当位置，避免过松或过紧。

（2）将帽衬衬带位置调节好并系牢，帽衬的顶端与帽壳内顶之间应保持 20～50mm 的空间。

（3）安全帽的下颏带必须扣在颌下并系牢，松紧要适度，以防帽子滑落、碰掉。

（4）帽壳设有通气孔的安全帽，使用时不能为了透气而随便再行开孔。

（5）安全帽不得擅自改装。

（6）不得在安全帽内再佩戴其他帽子。

（7）安全帽不用时，不宜长时间地在阳光下曝晒，须放置在干燥通风的地方并远离热源。

（8）低压聚乙烯、ABS（工程塑料）安全帽不得用热水浸泡，不得放在暖气片、火炉上烘烤，以防帽体变形。

（9）使用过程中要经常进行外观检查，如果发现帽壳和帽衬有异常损伤或裂痕，或帽衬与帽壳内顶之间的间距达不到标准要求的，不得继续使用。

4.2.2　安全带

安全带是指高处作业人员预防坠落的防护用品，由带子、绳子和金属配件组成。安全带按使用方式，分为围杆安全带、悬挂安全带和攀登安全带三类。如图 4-2 所示为

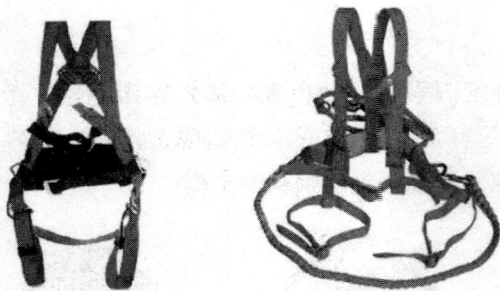

图 4-2　常见的两款安全带

常见的两款安全带。

1. 使用范围

建筑施工处于高处作业状态，如脚手架、模板支架的搭设，大型设备及施工机械的安装等，且在下列情况下进行作业时，必须系好安全带：

（1）高度超过 2m 的悬空作业。

（2）倾斜的屋顶。

（3）平屋顶，在离屋顶边缘或屋顶开口 1.2m 内未设置防护栏杆时。

（4）任何悬吊的平台或工作台。

（5）任何护栏、铺板不完整的脚手架上。

（6）接近屋面或楼面开孔附近的梯子上。

（7）在高处外墙安装门、窗，无外脚手架和安全网时。

（8）高处作业无可靠防坠落措施时。

2. 使用前的检查

安全带在使用前，应对以下主要项目进行检查，发现不符合要求的，不得使用，并立即更换：

（1）安全带的部件是否完整，有无损伤。

（2）金属配件的卡环是否有裂纹，卡簧弹跳性是否良好。

（3）绳带有无变质。

3. 使用注意事项

（1）佩戴安全带时，要束紧腰带，腰扣组件必须系紧系正。

（2）悬挂安全带应高挂低用，不得低挂高用。

（3）不得将绳打结使用，也不得将钩直接挂在安全绳上使用。

（4）安全带要拴挂在牢固的构件或物体上，防止摆动或碰撞。

（5）高处作业如无固定拴挂处，应采用适当强度的钢丝绳或安全栏杆等方式设置挂安全带的安全拉绳，禁止将安全带挂在移动、带尖锐棱角或不牢固的物件上。

（6）安全带严禁擅自接长使用，如使用 3m 及以上的长绳时，必须加上缓冲器、自锁器或防坠器等。

（7）安全带上的各种部件不得任意拆除，更换新绳时要注意加绳套。

（8）安全带绳保护套要保持完好，以防绳被磨损，若发现保护套损坏或脱落，必须加上新套后再使用。

（9）要注意维护和保管，不得接触高温、明火及强酸、强碱或尖锐物体，不要存放在潮湿的场所。

（10）安全带在使用后，要经常检查安全带缝制和挂钩部分，必须详细检查捻线是否发生断裂和残损等。

（11）安全带在使用两年后应抽验一次，频繁使用应经常进行外观检查，发现异常必须立即更换。

4.2.3 安全防护鞋

安全防护鞋鞋底一般采用聚氨酯材料一次注模成型，具有耐油、耐磨、耐酸碱、绝缘、防水、轻便等优点。安全防护鞋的选用应根据工作环境的危害性质和程度进行。安全防护鞋应有产品合格证和产品说明书。使用前应对照使用的条件阅读说明书，使用方法要正确。建筑施工现场上常用的有绝缘鞋（靴）、防刺穿鞋、焊接防护鞋、耐酸碱橡胶靴及皮安全鞋等。安全防护鞋的选择和使用应符合下列要求：

（1）安全防护鞋除了要根据作业条件选择适合的类型外，还要挑选合适的鞋号。

（2）各种不同性能的安全防护鞋，要达到各自防护性能的技术指标，如脚趾不被砸伤、脚底不被刺伤、绝缘等要求。

（3）使用安全防护鞋前要认真检查或测试，在电气和酸碱作业中，破损和有裂纹的安全防护鞋都是有危险的。

（4）用后应检查并保持清洁，存放于无污染、干燥的地方。

4.2.4 防护眼镜

防护眼镜又称劳保眼镜，主要作用是防护眼睛和面部免受紫外线、红外线和微波等电磁波的辐射，粉尘、烟尘、金属和砂石碎屑以及化学溶液溅射的损伤。建筑施工现场使用的防护眼镜主要有两种：一种是防固体碎屑的防护眼镜，主要用于防止金属或砂石碎屑等对眼睛的机械损伤；另一种是防辐射的防护眼镜，用于防止过强的紫外线等辐射线对眼睛的危害。防护眼镜选用和使用应注意以下事项：

（1）选用具有产品合格证的产品。

（2）护目镜的宽窄和大小要适合使用者的脸型。

（3）镜片磨损粗糙、镜架损坏，会影响操作人员的视力，应及时调换。

（4）护目镜要专人使用，防止交叉传染眼病。

（5）焊接护目镜的滤光片和保护片要按作业需要选用和更换。

（6）防止重摔重压，防止坚硬的物体磨损镜片。

4.2.5 防护手套

1. 防护手套的种类

建筑施工现场常用的防护手套有下列几种：

（1）劳动保护手套——一般作业人员经常使用的手套，主要是为了防止手臂碰伤、划伤，起防滑、保温作用。

（2）绝缘手套——建筑电工带电作业时使用的手套。

（3）耐酸、耐碱手套——接触酸、碱作业时使用的手套。

（4）焊工手套——焊工作业时使用的防护手套。

2. 防护手套的选用和使用

（1）防护手套的品种很多，首先应明确防护对象，根据防护功能来选用，切记不要误用。

（2）耐酸、耐碱手套使用前应仔细检查表面是否有破损，简易的检查方法是向手套内吹口气，用手捏紧套口，观察是否漏气，漏气则不能使用。

（3）绝缘手套要根据电压等级选用，使用前应检查表面有无裂痕、发黏、发脆等缺陷，如有异常禁止使用。

（4）焊工手套应有足够的长度，使用前应检查皮革或帆布表面有无僵硬、磨损、洞眼等残缺现象。

（5）橡胶、塑料等防护手套用后应冲洗干净、晾干，并撒上滑石粉以防粘连，保存时避免高温。

4.2.6 防尘口罩

防尘口罩是防止或减少空气中粉尘进入人体呼吸器官，从而保护作业人员身体健康和生命安全的个体防护用品。目前防尘口罩大多采用内外两层无纺布，中间一层过滤布（熔喷布）构造而成。

1. 防尘口罩的适用范围

（1）钢筋除锈作业。

（2）淋灰、筛灰作业。

（3）搅拌混凝土作业。

（4）石材加工作业。

（5）木材加工机械作业。

（6）封闭室内或容器内的焊接作业。

2. 防尘口罩的选用

（1）有效性——能有效地阻止粉尘进入呼吸道。

（2）适合性——要与脸型相适应，最大限度地保证空气不会从口罩和面部的缝隙而不经过口罩的过滤进入呼吸道。

（3）舒适性——既能有效阻止粉尘，又要保证呼吸顺畅，保养方便。

3. 防尘口罩的使用

防尘口罩的使用应注意以下几点：

（1）仔细阅读使用说明，了解适用性和防护功能，使用前应检查是否完好。

（2）进入危害环境前，应正确佩戴好防尘口罩，进入危害环境后应始终坚持佩戴。

（3）部件出现破损、断裂或丢失，以及明显感觉呼吸阻力增加时，应废弃整个口罩。

（4）发现口罩有失效迹象时，按照使用说明及时更换。

（5）防止挤压变形、污染进水。

（6）使用后要仔细保养，防尘过滤布不得水洗。

5 高处作业

高处坠落事故，是目前建筑施工中发生频率最高的伤亡事故。因此，增强高处作业安全意识，落实临边洞口防护措施，提高施工现场管理水平，是建筑安全生产的重要课题。

5.1 高处作业知识概述

5.1.1 高处作业的概念

作业区各作业位置至相应坠落高度基准面的垂直距离中的最大值，称为该作业区的高处作业高度，简称作业高度；所谓坠落高度基准面，是指通过可能坠落范围内最低处的水平面，即最低着落点所处的水平面。凡在坠落高度基准面2m以上（含2m）有可能坠落的高处进行的作业，均称为高处作业。

当发生相对落差在2m及以上的高处坠落时，一般情况下会引起伤残或死亡，需要采取必要措施防止坠落发生。

无论作业位置在多层、高层或是平地，都有可能处于高处作业的场合，尤其在建建筑物的楼梯边、阳台边、电梯井道、各类门窗洞口以及基坑边、池槽边等处，作业高度大多在2m以上，大多数情况下属于高处作业。

5.1.2 高处作业分级

坠落高度越高，坠落时的冲击能量越大，造成的伤害越大，危险性也越大。同时，坠落高度越高，坠落半径也越大，坠落时的影响范围也越大，因此对不同高度的高处作业，防护设施的设置、事故处理的分析等均有不同。

按照国家标准《高处作业分级》GB/T 3608—2008 的规定，高处作业按作业点可能坠落的坠落高度划分，分为四个级别：

一级高处作业，坠落高度在2～5m。

二级高处作业，坠落高度在5～15m。

三级高处作业，坠落高度在15～30m。

四级高处作业，坠落高度大于30m。

5.1.3　坠落半径

以作业位置为中心、可能坠落范围半径为半径画成的与水平面垂直的柱形空间，称为可能坠落范围。如图 5-1 所示为物体坠落示意图。

为确定可能坠落范围而规定的相对于作业位置的一段水平距离称为可能坠落范围半径。其大小取决于作业现场的地形、地势或建筑物分布等有关的基础高度。

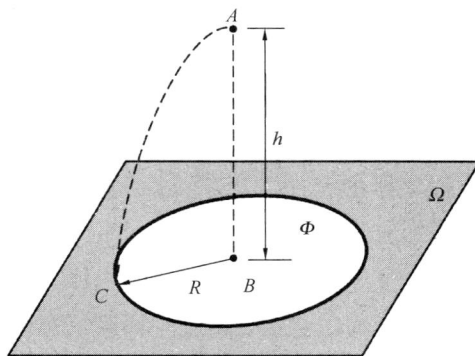

图 5-1　物体坠落示意图

A—抛物点；B—抛物点在坠落平面垂直投影点；C—物体坠落点；Ω—物体坠落平面；Φ—物体坠落范围；h—物体坠落高度；R—落物半径

一级高处作业的坠落半径为 3m。

二级高处作业的坠落半径为 4m。

三级高处作业的坠落半径为 5m。

四级高处作业的坠落半径≥6m。

在坠落半径内的工棚、设备和人员应当采取防护措施，防止落物击砸。

5.1.4　高处作业分类

按高处作业的环境条件如气象、电源、突发情况等，又可将高处作业分为一般高处作业和特殊高处作业。

特殊高处作业是在危险性较大、较复杂的环境下进行的高处作业。特殊高处作业又可分为以下八类：

（1）强风高处作业——在阵风风力五级（风速 8.0m/s）以上的情况下进行的高处作业。

（2）异温高处作业——在高温或低温环境下进行的高处作业。

（3）雪天高处作业——降雪时进行的高处作业。

（4）雨天高处作业——降雨时进行的高处作业。

（5）夜间高处作业——室外完全采用人工照明时进行的高处作业。

（6）带电高处作业——在接近或接触带电体条件下进行的高处作业。

（7）悬空高处作业——在无立足点或无可靠立足点条件下进行的高处作业。

（8）抢救高处作业——对突发的各种灾害事故进行抢救的高处作业。

除了以上八类情况属于特殊高处作业，其他正常作业环境下的各项高处作业都属于一般高处作业。

5.1.5　引起高处坠落的因素

在高处作业，许多因素容易引起坠落。直接引起坠落的客观危险因素大致有：

（1）阵风，风力五级（风速 8.0m/s）以上。

（2）高温条件下的作业。

（3）平均气温等于或低于 5℃的作业环境。

（4）接触冷水温度等于或低于 12℃的作业。

（5）存在冰、雪、霜、水、油等易滑物。

（6）光线不足，能见度差。

（7）接近或接触危险电压带电体。

（8）摆动，立足处不是平面或只有很小的平面，致使作业者无法维持正常姿势。

（9）存在有毒气体或空气含氧量较低的环境作业。

（10）处抢救突发事件状态。

（11）超强度体力劳动。

5.2 建筑施工高处作业的类型

建筑施工的高处作业主要包括临边及洞口作业、攀登及悬空作业和操作平台及交叉作业等。

5.2.1 临边作业

施工现场，在坠落高度为 2m 及以上的作业面上作业，如边沿无围护设施或围护设施低于 80cm，这类作业称为临边作业。

1. 常见的临边部位

（1）在建工程的楼层、屋面、楼梯口、阳台、雨棚和挑檐等边沿。

（2）土方开挖形成的基坑（槽、沟）、深基础等周边。

（3）辅助设施，如水箱、水塔和池槽等周边。

（4）设备安装处，如电梯井道、垃圾井道，施工升降机和物料提升机等垂直运输设备与各层面接口的通道边沿、接料平台等。

2. 防护设施

临边作业的主要防护设施是防护栏杆和安全网。

临边防护用的栏杆是由栏杆立柱和上下两道横杆组成的，上横杆称为扶手。上杆离地高度为 1.0～1.2m，下杆离地高度为 0.5～0.6m。临边作业的防护栏杆应能承受 1000N 的外力撞击。当横杆长度大于 2m 时，应当加设栏杆立柱。

在建筑施工现场用来防止人、物坠落或用来避免、减轻坠落及物体打击伤害的网具，统称安全网。安全网主要有平网和立网两种。水平方向安装，用来承接人和物坠落垂直载荷的，称为安全平网；垂直方向安装，用来阻挡人和物坠落水平载荷的，称为安全立网。

防护栏杆必须自上而下用安全立网封闭，或在栏杆下边设置严密固定的、高度不低于180mm的挡脚板或400mm的挡脚笆。对临街或人流密集处、斜坡屋面处、施工升降机的接料平台及通道两侧，应自上而下加挂密目安全网。

5.2.2 洞口作业

在建筑施工现场的洞口旁，且有2m及以上坠落高度的作业，统称为洞口作业。

1. 常见的洞口形式

（1）水平面上的洞口，主要有各类地面、楼面、屋面、顶盖上的洞口，如楼面各种预留洞口、预制楼板拼缝、沟槽、化粪池、钢管桩及灌注桩口等。

（2）垂直面上的洞口，主要有各类墙面上的洞口，如门洞、窗洞、墙板预留洞口等。

（3）设备安装预留洞口，既有水平面上的洞口，如大型化工设备、锅炉等穿楼预留洞口；也有垂直面上的洞口，如电梯楼层预留门洞、物料提升机和施工升降机的上料口等。

2. 洞口防护

洞口作业的防护措施，主要有设置封口盖板、防护栏杆、栅门、格栅及架设安全网等方式。

（1）水平面上的洞口，应按口径大小设置不同的封口盖板。25～50cm的较小洞口、安装预制件的临时洞口，一般可用竹、木盖板封口；50～150cm的较大洞口，可用钢管扣件设置的网格或钢筋焊接成的网格封口，格距不大于20cm，然后盖上竹、木盖板；边长大于150cm的大洞口应在四周设置防护栏杆，并在洞口下方设置安全平网。

（2）垂直面上的洞口，一般采用工具式、开关式或固定式防护门，也可采用栏杆加挡脚板（笆）防护。

（3）施工升降机、物料提升机吊笼上料通道口，应装设有联锁装置的安全门；接料平台接料口应当设可开启的栅门，不进出时应处于关闭状态。

（4）电梯井口、立面洞口根据具体情况设防护栏或固定栅门、工具式栅门，电梯井筒内每隔两层或最多10m设一道安全平网。

（5）安全通道附近的各类洞口和场地上深度在2m以上的敞口等处，除设置防护设施和安全标志外，夜间还应设红灯示警。

5.2.3 攀登作业

施工现场，凡借助于登高工具或设施，在攀登条件下进行的高处作业，统称为攀登作业。由于人体在高空中且处于不断的移位活动状态，所以攀登作业具有很大的危险性。在建筑施工现场，攀登作业使用的主要工具是梯子。

1. 登高用梯的种类

登高作业使用的梯子主要有移动梯、折梯、固定梯和挂梯四类。

（1）移动梯——是应用最频繁的一种梯子，具有搬动方便、使用灵活、登高高度较大等优点，但受工作倾角的限制，有一定的危险性。

（2）折梯——是移动梯的一种特殊形式，因可折叠而得名，俗称"八字梯""趴脚梯"。由于其有较大的支撑面积，所以具有较好的稳定性和较高的安全性，但受到折叠角度及梯子自重的限制，一般可登高度较低。

（3）固定梯——在配电房、水塔、锅炉房、钢柱等结构物的侧立面上，以及大型起重机械如塔式起重机的塔身内侧，为了方便装拆、使用、维修和保养等而安装、制作的直爬型扶梯。固定梯一般采用钢材制作，梯宽不大于50cm。

（4）挂梯——在消防救灾、脚手架等临时设施的施工中挂置使用的梯子，具有轻巧灵活的特点，一般用钢材或轻合金制作。

2. 登高用梯应注意的事项

（1）外购扶梯，必须符合有关标准的要求。

（2）踏板间距宜在30cm左右，不得有缺档。

（3）踏板应当采用防滑材料。

（4）踏板承载能力不得小于1100N。

（5）移动梯可接高使用，但只能接高一次。接高后连接部位的承载能力不得小于1100N。

（6）移动梯、折梯在使用中，不得用凳子、木箱等临时垫高。

（7）上下梯子时，必须面向梯子，一般情况下不得手持器物。

（8）梯子应当设置在周围相应的坠落半径外。

（9）使用移动梯和折梯时，旁边应另有人看管、监护。

3. 攀登作业的安全要求

（1）钢结构和机械设备的安装需登高时，必须借助扶梯、平台等设施，并在规定的通道内行走。不得利用建筑物阳台、起重机及升降机等施工设备、脚手架杆件等非正规通道进行攀登。

（2）扶梯的结构、强度、刚度及使用应符合有关规定。

（3）钢柱安装时，登高应使用挂梯、钢柱上的爬梯或操作平台。

（4）钢梁安装时，应在两端设置挂梯或搭设临时脚手架；需在梁面上行走时，可设置钢索扶手，其垂度应不大于长度的1/20，并不大于10cm。

（5）钢屋架吊装时，应在屋架两端设置上下用扶梯；屋架上弦处预设防护栏杆，下弦处张挂安全网，并在吊装完毕后将安全网重新固定。

5.2.4 悬空作业

施工现场，在周边临空状态，无立足点或无牢固可靠立足点的条件下进行的高处作业，称为悬空作业。

1. 悬空作业的类别

建筑施工现场悬空作业主要有以下六大类：

（1）构件吊装与管道安装。

（2）模板及支架系统的搭设和拆卸。

（3）钢筋绑扎和安装钢筋骨架。

（4）混凝土浇筑。

（5）预应力现场张拉。

（6）门窗安装作业。

2. 悬空作业应当注意的安全事项

（1）构件吊装与管道安装方面——钢结构吊装前应尽可能先在地面上组装构件，搭设好进行悬空作业所需的安全设施尽量避免或减少在悬空状态下作业；管道安装时，严禁在管道上行走、站立或停靠。

（2）模板及支架系统的搭设和拆卸方面——模板未固定前不得进行下一道工序。严禁在连接件和支撑物上上下，严禁在上下同一垂直面上装、拆作业。支设悬挑式的模板时，应有稳固的立足点；支设临空构筑物模板时，应搭设支架或脚手架。模板上留有预留洞时，应在安装后将洞口覆盖。拆模的高处作业，应配置登高用具或搭设临时支架。

（3）钢筋绑扎和安装钢筋骨架方面——进行钢筋绑扎和安装钢筋骨架的高处作业，应当搭设操作平台并挂安全网。为悬空的梁作钢筋绑扎时，作业人员应站在脚手架或操作平台上进行操作。绑扎柱和墙的钢筋时，不得在钢筋骨架上站立或攀登上下。

（4）混凝土浇筑方面——浇筑离地面高度 2m 以上的框架、过梁、墙板、柱子、雨篷和小面积平台等，应搭设操作平台，操作人员不得站在模板或支撑系统的杆件上进行操作；浇筑拱形结构，应从结构两边的端部对称、相向进行；浇筑储仓，下口应当先封闭；特殊情况下如无可靠的安全设施，必须系好安全带并扣好保险钩或架设安全网。

（5）预应力张拉方面——在进行预应力张拉的悬空作业时，应搭设、设置站立操作人员和放置张拉设备用的脚手架或操作平台。在预应力张拉区域，应悬挂明显的安全标志，禁止非操作人员进入。张拉钢筋的两端必须设置挡板。

（6）门窗安装作业方面——安装门、窗、玻璃及油漆刷时，操作人员不得站在樘子或阳台栏板上作业。当门、窗固定，封填材料尚未达到其应有强度时，不得手拉门、窗进行攀登。另外，安装外墙门、窗时，作业人员一定要先行系好安全带，将安全带钩挂在操作人员上方牢固的物体上，并设专门人员加以监护，以防脱钩酿成事故。

（7）悬空作业所使用的安全带挂钩、吊索、卡环和绳夹等必须符合相应规范的规定和要求。

5.2.5 操作平台

在施工现场常搭设各种临时性的操作台、架，用于砌筑、浇筑、装修和设备安装等作业。在建筑施工现场，凡在一定工期内，用于承载物料、为作业人员提供操作活动空间的平台，统称为操作平台。

施工现场常用的操作平台主要有移动式和悬挑式两种。

1. 操作平台的使用要求

（1）操作平台的制作，应由专业技术人员按现行规范设计、计算，并编入施工组织设计。

（2）在操作平台的显著位置标明允许的荷载值，严防超载使用。

（3）操作平台应具有足够的强度、刚度和稳定性，使用中不得晃动。

（4）应配备专人对操作平台的使用情况加以监督。

2. 移动式操作平台

常用于结构施工、装修工程及水电安装等作业，可以搬移。一般可采用竹、木、型钢和钢管等材料制作成梁板结构型式。移动式操作平台的面积不应超过 $10m^2$，高度不应超过 5m。操作平台四周必须按临边作业要求设置防护栏杆，并按登高作业要求配置扶梯。移动式平台可装设轮子，定位作业时，前后左右的轮子应有锁紧或垫紧斜楔等防滑措施。

3. 悬挑式操作平台

用于接送、转运物料等，通常为型钢制作的梁板结构，制作后可整体搬运和吊装。使用时一边搁置于楼面上，另一头用钢丝绳吊挂在建筑结构上。悬挑式操作平台具有操作面积大、承载力大和可周转使用等特点。悬挑式操作平台的设计应符合相应的设计规范，搁支点和上端吊挂点都必须设在可靠的建筑物结构上，不得设置在脚手架等任何施工设施上；操作平台的临边应设置防护栏杆，在显著位置悬挂限载标志，不得超过设计允许载荷使用。

除了移动式和悬挑式外，建筑施工现场还有塔式可移动操作台、多级缸液压升降操作台、液压折叠式升降操作台等，适用于大型建筑的大厅顶面、内外墙面的保洁、电器维修和设施安装等。

5.2.6 交叉作业

施工现场上下不同层次，在空间贯通状态下同时进行的高处作业，称为交叉作业。

在建筑施工现场，往往上层结构还未完工，下层就开始砌筑填充墙、进行设备安装、装饰装修、物料运送等作业，人员频繁走动，极易造成坠物伤人事故。因此，交叉作业中应注意以下安全事项：

（1）支模、砌筑、粉刷等立体交叉施工时，任何时间、场合都不允许在同一垂直方向进行作业。上下操作隔断的横向安全距离，应大于相应高度的坠落半径。

（2）拆卸模板、脚手架、起重机械时，应在地面上设置警戒区，并设专人监护，警戒区内不得有其他人员进入和停留。

（3）临时堆放的拆卸器具、部件、物料等，离作业处边沿的距离不得小于1m，堆放高度不得超过1m。

（4）结构施工自二层起，有交叉施工的场合应按规定设置安全平网；人员进出的通道口（包括物料提升机和施工升降机的进出料通道口）应设置安全通道；塔式起重机回转半径以内区域的加工作业区，应当设置防护棚（隔离棚）。

（5）防护棚（隔离棚）、安全通道的顶部，防穿透能力应不小于安全平网的防护能力；达到一定高度的交叉作业，防护棚（隔离棚）、安全通道的顶部应设置双层防护。

5.3 建筑施工高处作业的安全措施

高处作业的安全技术措施及其所需料具必须列入工程的施工组织设计，施工前应针对高处作业技术要求逐级进行安全教育及技术交底，落实所有安全技术措施和防护用品。

5.3.1 高处作业技术措施

（1）设置安全防护设施，如防护栏杆、挡脚板、洞口的封口盖板、临时脚手架和平台、扶梯、防护棚（隔离棚）、安全网等。

（2）设置通信装置，如为塔机司机配备对讲机。

（3）高处作业周边部位设置警示标志，夜间挂有红色警示灯。

（4）设置足够的照明。

（5）穿防滑鞋，正确佩戴和使用安全帽、安全带等安全防护用具。

（6）设置供作业人员上下的扶梯和斜道。

5.3.2 高处作业的管理措施

（1）凡从事高处作业的人员，应体检合格，达到法定劳动年龄，具有一定的文化程度，接受安全教育。从事架体搭设、起重机械拆装等高处作业的人员还应取得特种作业人员操作资格证书。

（2）因作业需临时拆除或变动安全防护设施时，须经有关负责人同意并采取相应的可靠措施，作业后应立即恢复。

（3）遇有六级（风速 10.8m/s）以上强风、浓雾等恶劣气候，不得进行露天高处作业。

（4）严禁高处抛掷作业工具、材料等。

（5）严禁跨越或攀登防护栏杆以及脚手架和平台等临时设施的杆件。

（6）雨天和雪天进行高处作业时，必须采取可靠的防滑、防寒和防冻措施，水、冰、霜、雪均应及时清除。

（7）加强安全巡查。

5.3.3　防护设施验收检查

高处作业的安全防护设施，必须按有关规定、分类别进行逐项检查和验收，验收合格后方可进行高处作业。

防护设施可按工程进度分阶段进行验收。经验收检查不合格的，必须按时整改，复查合格方可进入作业。

施工期内，应对高处作业防护设施进行检查，发现有松动、变形、损坏或脱落等现象应立即修理完善：

（1）定期检查。

（2）复工检查——春季及停止施工较长时间复工前的检查。

（3）专项检查——暴风雪及台风、暴雨后进行的检查。

6 施工现场安全用电

施工现场用电设备种类多、用电容量大、工作环境复杂，如在电气线路的敷设、电气元件和线缆的选配及电气装置的设置等方面经常存在一些不足，容易引发触电伤亡事故。因此，加强施工现场临时用电管理，普及安全用电知识，规范施工作业用电，对保证施工安全具有十分重要的意义。

6.1 施工现场临时用电系统

6.1.1 施工现场用电特点

施工现场用电与一般工业或居民生活用电相比具有临时性、流动性和危险性。

（1）临时性。这主要是由施工工期决定的，有的工程工期只有几个月，有的工程可达数年，工程竣工后用电设施就要拆除。

（2）流动性。随着施工进度不断推进，机械设备、施工机具、配电设备、照明器具移动频繁，手持电动工具也使用较多。

（3）危险性。施工现场施工条件差、潮湿环境多、用电设备多、交叉作业多、湿作业多，供电线路复杂。

6.1.2 施工现场临时用电系统特点

（1）采用三级配电系统

施工现场临时用电，从电源进线开始至用电设备经总配电箱、分配电箱到开关箱，分三个层次逐级配送电力。

（2）采用 TN-S 接零保护系统

施工现场临时用电工程的接地保护，采用的是保护零线（PE 线）与工作零线（N 线）分开设置、电源中性点直接接地的三相四线制低压电力系统。

（3）采用二级漏电保护系统

在整个施工现场临时用电工程中，总配电箱中必须装设漏电保护器，所有开关箱中也必须装设漏电保护器。

（4）采用"一机一箱"制

在建筑施工现场，一般情况下每一台用电设备必须设有专用的控制开关箱，每一个开关箱只能用于控制一台用电设备。

6.2 施工现场的用电设备

用电设备是配电系统的终端设备，是最终将电能转化为机械能、光能等其他形式能量的设备。施工现场的用电设备基本上可分为电动机械、电动工具和照明器三大类。

6.2.1 电动机械

（1）起重机械，包括塔式起重机、施工升降机和物料提升机等。

（2）桩工机械，包括各类打夯机、打桩锤和钻孔机等。

（3）夯土机械，电动蛙式夯、快速冲击夯等。

（4）焊接设备，包括电阻焊、埋弧焊等。

（5）其他电动建筑机械，包括混凝土搅拌机、混凝土振动器、地面抹光机、钢筋加工机械、木工机械和水泵等。

6.2.2 电动工具

这里主要指手持式电动工具，如电钻、电锤、电刨、切割机和热风枪等。手持式电动工具按电击保护方式，分为Ⅰ类工具、Ⅱ类工具和Ⅲ类工具。

（1）Ⅰ类工具，即普通型电动工具。工具在防止触电的保护方面不仅依靠基本绝缘，而且它还包含一个附加的安全预防措施，其方法是将可触及的可导电的零件与已安装的固定线路中的保护（接地）导线连接起来，以这样的方法使可触及的可导电的零件在基本绝缘损坏的事故中不成为带电体。这类工具一般都采用全金属外壳。

（2）Ⅱ类工具，即绝缘结构全部为双重绝缘结构的电动工具。工具在防止触电的保护方面不仅依靠基本绝缘，而且还提供双重绝缘或加强绝缘的附加安全预防措施。这类工具外壳有金属和非金属两种，但手持部分是非金属，在工具的明显部位标有Ⅱ类结构符号"回"。

（3）Ⅲ类工具，即特低电压的电动工具。工具在防止触电的保护方面依靠由安全特低电压供电和在工具内部不会产生比安全特低电压高的电压。

6.2.3 照明器

建筑施工现场使用的照明器具较多，有普通照明使用的白炽灯、荧光灯和节能灯，也有场地使用的高光效、长寿命的高压汞灯、高压钠灯以及钨、铊、铟等金属卤化物灯具；按照使用方式有固定灯和行灯；按照使用环境有防水灯具、防尘灯具、防爆灯具、防振灯具、耐酸碱型灯具和断电使用应急灯、安全警示灯等。

6.3 安全用电知识

6.3.1 用电安全管理

施工单位和工程项目应建立健全用电安全责任制度，制定电气防火和用电安全措施，做好施工现场的用电安全管理。

（1）电工必须取得建筑电工特种作业操作资格证书，持证上岗。

（2）安装、巡检、维修或拆除临时用电设备和线路，必须由电工完成，并应有人监护。

（3）用电人员必须通过相关安全教育培训和技术交底后方可上岗工作。

（4）用电设备的使用人员应保管和维护所用设备，发现问题及时报告解决。

（5）暂时停用设备的开关箱，必须分断电源隔离开关，并应关门上锁。

（6）移动电气设备时，必须经电工切断电源并做妥善处理后进行。

6.3.2 外电线路和配电线路

施工过程中必须与外电线路保持一定安全距离，输电线路放电范围如图 6-1 所示，防止发生因碰触造成的触电事故。施工现场的配电线路交错复杂，易发生线缆拉断、砸烂、破皮而造成漏电。

（1）不得在外电架空线路正下方施工、搭设作业棚、建造生活设施或堆放构件、架具、材料及其他杂物等。

（2）在高压线一侧作业时，必须保持最小安全操作距离以上的距离；输电线为裸线时，各级电压的安全距离可参照表 6-1 执行。

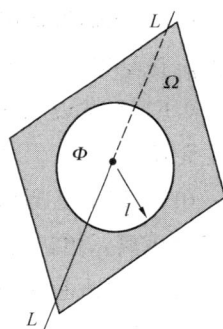

图 6-1　输电线放电
范围示意图
$L—L$—输电线；Ω—垂直于
输电线 $L—L$ 的平面；Φ—
放电范围；l—放电距离

输电线为裸线时的最小安全距离　　　　　　　　　表 6-1

外电线路电压（kV）	<1	1~10	35~110	154~220	330~500
最小安全操作距离（m）	4	6	8	10	15

（3）严禁操作起重机越过无防护设施的外电架空线路作业。

（4）施工现场开挖沟槽边缘与外电埋地电缆沟槽边缘之间的距离不得小于 0.5m。

（5）在外电架空线路附近开挖沟槽时，必须采取加固措施，防止外电架空线路电杆倾斜、倒塌。

（6）严禁将架空线缆架设在树木、脚手架及其他设施上。

（7）埋地电缆在穿越建筑物、构筑物、道路和易受机械损伤、介质腐蚀场所及引出地面从地面高 2.0m 到地下 0.2m 处，必须加设防护套管。

（8）电缆线路必须采用电缆埋地方式引入在建工程内，严禁穿越脚手架引入。

（9）装饰装修施工阶段，电源线可沿墙角、地面敷设，但应采取防机械损伤和电火措施。

（10）室内配线必须采用绝缘导线或电缆，并应根据配线类型采用瓷瓶、瓷（塑料）夹、嵌绝缘槽、穿管或钢索敷设。

（11）潮湿场所或埋地非电缆配线必须穿管敷设，管口和管接头应密封。

（12）室内明敷主干电线距地面高度不得小于 2.5m。

（13）架空进户线的室外端应采用绝缘子固定，过墙处应穿管保护，距地面高度不得小于 2.5m，并应采取防雨措施。

（14）搬运较长的金属物体，如钢筋、钢管等材料时，不得碰触到电线。

（15）在临近输电线路的建筑物上作业时，不能随便往下乱扔金属类杂物，更不能触摸、拉动电线、电线接触的导体和电杆的拉线。

（16）当发现电线坠地或设备漏电时，不得随意跑动或触摸金属物体，并保持 10m 以上距离。

（17）移动金属梯子和操作平台时，要观察其与高处输电线路的距离，确认有足够的安全距离，再进行作业。

（18）在地面或楼面上运送材料时，不得踩踏在电线上；停放手推车、堆放钢模板、脚手板、钢筋时不得放压在电线上。

6.3.3 配电箱和开关箱

1. 配电箱及开关箱的设置

（1）配电系统应设置配电柜或总配电箱、分配电箱、开关箱，实行三级配电。

配电系统宜使三相负荷平衡。220V 或 380V 单相用电设备宜接入 220/380V 三相四线系统；当单相照明线路电流大于 30A 时，宜采用 220/380V 三相四线制供电。

（2）总配电箱以下可设若干分配电箱；分配电箱以下可设若干开关箱。

总配电箱应设在靠近电源的区域，分配电箱应设在用电设备或负荷相对集中的区域，分配电箱与开关箱的距离不得超过 30m，开关箱与其控制的固定式用电设备的水平距离不宜超过 3m。

（3）每台用电设备必须有各自专用的开关箱，严禁用同一个开关箱直接控制 2 台及 2 台以上用电设备（含插座）。

（4）动力配电箱与照明配电箱宜分别设置。当合并设置为同一配电箱时，动力和照明应分路配电；动力开关箱与照明开关箱必须分设。

（5）配电箱、开关箱应装设在干燥、通风及常温场所，不得装设在有严重损伤作用的瓦斯、烟气、潮气及其他有害介质中，亦不得装设在易受外来固体物撞击、强烈振动、液体浸溅及热源烘烤场所。否则，应予清除或做防护处理。

（6）配电箱、开关箱周围应有足够 2 人同时工作的空间和通道，不得堆放任何妨碍操作、维修的物品，不得有灌木、杂草。

（7）配电箱、开关箱应采用冷轧钢板或阻燃绝缘材料制作，钢板厚度应为 1.2～2.0mm，其中开关箱箱体钢板厚度不得小于 1.2mm，配电箱箱体钢板厚度不得小于 1.5mm，箱体表面应做防腐处理。

（8）配电箱、开关箱应装设端正、牢固。固定式配电箱、开关箱的中心点与地面的垂直距离应为 1.4～1.6m。移动式配电箱、开关箱应装设在坚固、稳定的支架上。其中心点与地面的垂直距离宜为 0.8～1.6m。

（9）配电箱、开关箱内的电器（含插座）应先安装在金属或非木质阻燃绝缘电器安装板上，然后方可整体紧固在配电箱、开关箱箱体内。

金属电器安装板与金属箱体应做电气连接。

（10）配电箱、开关箱内的电器（含插座）应按其规定位置紧固在电器安装板上，不得歪斜和松动。

（11）配电箱的电器安装板上必须分设 N 线端子板和 PE 线端子板。N 线端子板必须与金属电器安装板绝缘；PE 线端子板必须与金属电器安装板做电气连接。

进出线中的 N 线必须通过 N 线端子板连接；PE 线必须通过 PE 线端子板连接。

（12）配电箱、开关箱内的连接线必须采用铜芯绝缘导线。导线绝缘的颜色标志应按《施工现场临时用电安全技术规范（附条文说明）》JGJ 46—2005 第 5.1.11 条要求配置并排列整齐；导线分支接头不得采用螺栓压接，应采用焊接并做绝缘包扎，不得有外露带电部分。

（13）配电箱、开关箱的金属箱体、金属电器安装板以及电器正常不带电的金属底座、外壳等必须通过 PE 线端子板与 PE 线做电气连接，金属箱门与金属箱体必须通过采用编织软铜线做电气连接。

（14）配电箱、开关箱中导线的进线口和出线口应设在箱体的下底面。

（15）配电箱、开关箱的进、出线口应配置固定线卡，进出线应加绝缘护套并成束卡固在箱体上，不得与箱体直接接触。移动式配电箱、开关箱的进、出线应采用橡皮护套绝缘电缆，不得有接头。

（16）配电箱、开关箱外形结构应能防雨、防尘。

2. 电器装置的选择

（1）配电箱、开关箱内的电器必须可靠、完好，严禁使用破损、不合格的电器。

（2）总配电箱的电器应具备电源隔离，正常接通与分断电路，以及短路、过载、漏电保护功能。电器设置应符合下列原则：当总路设置总漏电保护器时，还应装设总隔离开关、分路隔离开关以及总断路器、分路断路器或总熔断器、分路熔断器。当所设总漏电保护器是同时具备短路、过载、漏电保护功能的漏电断路器时，可不设总断路器或总熔断器；当各分路设置分路漏电保护器时，还应装设总隔离开关、分路隔离开关以及总断路器、分路断路器或总熔断器、分路熔断器。当分路所设漏电保护器是同时具备短路、过载、漏电保护功能的漏电断路器时，可不设分路断路器或分路熔断器；隔离开关应设置于电源进线端，立采用分断时具有可见分断点，并能同时断开电源所有极的隔离电器。如采用分断时具有可见分断点的断路器，可不另设隔离开关；熔断器应选用具有可靠灭弧分断功能的产品；总开关电器的额定值、动作整定值应与分路开关电器的额定值、动作整定值相适应。

（3）总配电箱应装设电压表、总电流表、电度表及其他需要的仪表。专用电能计量仪表的装设应符合当地供用电管理部门的要求。

装设电流互感器时，其二次回路必须与保护零线有一个连接点，且严禁断开电路。

（4）分配电箱应装设总隔离开关、分路隔离开关以及总断路器、分路断路器或总熔断器、分路熔断器。其设置和选择应符合《施工现场临时用电安全技术规范（附条文说明）》JGJ 46—2005 第 8.2.2 条要求。

（5）开关箱必须装设隔离开关、断路器或熔断器，以及漏电保护器。当漏电保护器是同时具有短路、过载、漏电保护功能的漏电断路器时，可不装设断路器或熔断器。隔离开关应采用分断时具有可见分断点，能同时断开电源所有极的隔离电器，并应设置于电源进线端。当断路器是具有可见分断点时，可不另设隔离开关。

（6）开关箱中的隔离开关只可直接控制照明电路和容量不大于 3.0kW 的动力电路，但不应频繁操作。容量大于 3.0kW 的动力电路应采用断路器控制，操作频繁时还应附设接触器或其他启动控制装置。

（7）开关箱中各种开关电器的额定值和动作整定值应与其控制用电设备的额定值和特性相适应。通用电动机开关箱中电器的规格可按《施工现场临时用电安全技术规范（附条文说明）》JGJ 46—2005 附录 C 选配。

（8）漏电保护器应装设在总配电箱、开关箱靠近负荷的一侧，且不得用于启动电气设备的操作。

（9）漏电保护器的选择应符合现行国家标准《剩余电流动作保护器（RCD）的一般要求》GB/T 6829—2017 和《剩余电流动作保护装置安装和运行》GB/T 13955—2017 的规定。

（10）开关箱中漏电保护器的额定漏电动作电流不应大于 30mA，额定漏电动作时间不应大于 0.1s。

使用于潮湿或有腐蚀介质场所的漏电保护器应采用防溅型产品，其额定漏电动作电流不应大于 15mA，额定漏电动作时间不应大于 0.1s。

（11）总配电箱中漏电保护器的额定漏电动作电流应大于 30mA，额定漏电动作时间应大于 0.1s，但其额定漏电动作电流与额定漏电动作时间的乘积不应大于 30mA·s。

（12）总配电箱和开关箱中漏电保护器的极数和线数必须与其负荷钡帧荷的相数和线数一致。

（13）配电箱、开关箱中的漏电保护器宜选用无辅助电源型（电磁式）产品，或选用辅助电源故障时能自动断开的辅助电源型（电子式）产品。当选用辅助电源故障时不能自动断开的辅助电源型（电子式）产品时，应同时设置缺相保护。

（14）漏电保护器应按产品说明书安装、使用。对搁置已久重新使用或连续使用的漏电保护器应逐月检测其特性，发现问题应及时修理或更换。

3. 使用与维护

（1）配电箱、开关箱应有名称、用途、分路标记及系统接线图。

（2）配电箱、开关箱箱门应配锁，并应由专人负责。

（3）配电箱、开关箱应定期检查、维修。检查、维修人员必须是专业电工。检查、维修时必须按规定穿、戴绝缘鞋、手套，必须使用电工绝缘工具，并应做检查、维修工作记录。

（4）对配电箱、开关箱进行定期维修、检查时，必须将其前一级相应的电源隔离开关分闸断电，并悬挂"禁止合闸、有人工作"停电标志牌，严禁带电作业。

（5）配电箱、开关箱必须按照下列顺序操作：送电操作顺序为，总配电箱→分配电箱→开关箱；停电操作顺序为，开关箱→分配电箱→总配电箱。但出现电气故障的紧急情况可除外。

（6）施工现场停止作业 1h 以上时，应将动力开关箱断电上锁。

（7）开关箱的操作人员必须符合《施工现场临时用电安全技术规范（附条文说明）》JGJ 46—2005 第 3.2.3 条规定。

（8）配电箱、开关箱内不得放置任何杂物，并应保持整洁。

（9）配电箱、开关箱内不得随意挂接其他用电设备。

（10）配电箱、开关箱内的电器配置和接线严禁随意改动。

熔断器的熔体更换时，严禁采用不符合原规格的熔体代替。漏电保护器每天使用前应启动漏电试验按钮试跳一次，试跳不正常时严禁继续使用。

（11）配电箱、开关箱的进线和出线严禁承受外力，严禁与金属尖锐断口、强腐蚀介质和易燃易爆物接触。

6.3.4　电动建筑机械

1. 夯土机械使用注意事项

（1）必须按规定穿戴绝缘手套和绝缘鞋等安全防护用品。

（2）电缆长度不应大于 50m，并有专人调整电缆。

（3）电缆严禁缠绕、扭结和被夯土机械跨越。

（4）多台夯土机械工作时，左右间距不得小于 5m，前后间距不得小于 10m。

（5）操作扶手必须绝缘。

2. 电焊设备使用注意事项

（1）电焊设备应放置在防雨、干燥和通风良好的地方。

（2）焊接现场不得有易燃易爆物品。

（3）交流弧焊机变压器的一次侧电源线长度不应大于 5m，其电源进线处必须设置防护罩。

（4）发电机式直流电焊机的换向器应经常检查和维护，消除可能产生的异常电火花。

（5）交流电焊设备应配装防二次侧触电保护器，二次线应采用防水橡皮护套铜芯软电缆，电缆长度不应大于 30m，不得采用金属构件或结构钢筋代替二次线的地线。

（6）使用电焊设备焊接时必须按规定穿戴防护用品，严禁露天冒雨从事电焊作业。

3. 移动有电源线的机械设备，如电焊机、水泵、小型木工机械等，必须先切断电源，不能带电搬动。

4. 对混凝土搅拌机械、钢筋加工机械、木工机械、盾构机械等设备进行清理、检查和维修时，必须首先将其开关箱分闸断电，并关门上锁。

6.3.5　手持式电动工具

使用手持式电动工具时，应注意下列事项：

（1）在潮湿场所或金属构架上操作时，必须选用Ⅱ类或由安全隔离变压器供电的Ⅲ类手持式电动工具。

（2）在潮湿场所或金属构架上严禁使用Ⅰ类手持式电动工具。

（3）使用Ⅰ类工具时，必须采用漏电保护器和安全隔离变压器，否则使用者必须戴绝缘手套、穿绝缘靴或站在绝缘台（垫）上。

（4）狭窄场所必须选用由安全隔离变压器供电的Ⅲ类手持式电动工具，其开关箱和安全隔离变压器均应设置在狭窄场所外面，并连接 PE 线。操作过程中，应有人在外面监护。

（5）手持式电动工具的外壳、手柄、插头、开关、负荷线等必须完好无损，使用前必须做绝缘检查和空载检查，在绝缘合格、空载运转正常后方可使用。

（6）手持式电动工具的负荷线应当采用耐气候的橡皮护套铜芯软电缆，并不得有接头。

6.3.6　施工现场照明

1. 照明器的选择

一般场所宜选用额定电压为 220V 的照明器。下列特殊场所应使用安全特低电压照明器：

（1）隧道、人防工程、高温、有导电灰尘、比较潮湿或灯具离地面高度低于 2.5m 等场所的照明，电源电压不应大于 36V。

（2）潮湿和易触及带电体场所的照明，电源电压不得大于 24V。

（3）特别潮湿场所、导电良好的地面、锅炉或金属容器内的照明，电源电压不得大于 12V。

2. 行灯的使用

使用行灯应符合下列要求：

（1）电源电压不大于 36V。

（2）灯体与手柄应坚固、绝缘良好并耐热、耐潮湿。

（3）灯头与灯体结合牢固，灯头无开关。

（4）灯泡外部有金属保护网。

（5）金属网、反光罩、悬吊挂钩固定在灯具的绝缘部位上。

3. 照明器外壳保护

照明灯具的金属外壳必须与 PE 线相连接，照明开关箱内必须装设隔离开关、短路与过载保护器和漏电保护器。

4. 照明器的高度

（1）室外 220V 灯具距地面不得低于 3m，室内 220V 灯具距地面不得低于 2.5m。

（2）普通灯具与易燃物距离不宜小于 300mm，聚光灯、碘钨灯等高热灯具与易燃物距离不宜小于 500mm，且不得直接照射易燃物。

（3）碘钨灯及钠、铊、铟等金属卤化物灯具的安装高度宜在 3m 以上，灯线应固定在接线柱上，不得靠近灯具表面。

达不到规定安全距离时，应采取隔热措施。

5. 照明器的接线

（1）螺口灯头的绝缘外壳应无损伤、无漏电；相线接在与中心触头相连的一端，零线接在与螺纹口相连的一端。

（2）灯具内的接线必须牢固，灯具外的接线必须做可靠的防水绝缘包扎。

（3）灯具的相线必须经开关控制，不得将相线直接引入灯具。

（4）不得在宿舍内乱拉乱接电源，非专职电工不得更换熔丝，不得以其他金属丝代替熔丝。

（5）严禁在电线上晾衣服或其他东西。

7 施工现场消防

建筑施工现场存有大量的易燃物品，除了许多工序需要明火施工外，还有大量的机械设备、照明电器等用电设备在使用，多工种立体交叉作业现象也较普遍，失火隐患较多。特别是在外墙保温和装饰装修工程中，大量使用易燃材料，稍有不慎，极易发生火灾事故。作为一名建筑施工特种作业人员，必须具备一定的施工现场消防知识。

7.1 消防知识概述

7.1.1 消防工作方针

火灾是在时间和空间上失去控制的燃烧所造成的灾害。

消防工作是人们在同火灾作斗争的过程中逐步形成和发展起来的一项专门工作，它具有安全保障的性质。消防工作的意义在于：预防火灾和减少火灾危害，保护公民的人身、公共财产和公民财产的安全，维护公共安全，保障社会主义现代化建设的顺利进行。

我国消防工作方针是"以防为主，防消结合"。

以防为主，就是在消防工作中要把"预防"火灾的工作放在首位，积极开展防火安全教育，提高人民群众对火灾的警惕性；健全防火组织，严密防火制度；经常进行防火检查，消除火灾隐患，把可能引起火灾的因素消灭，减少火灾事故的发生。

防消结合，就是在积极做好防火工作的同时，在组织上、思想上、物质上和技术上做好灭火战斗的准备，一旦发生火灾，能够迅速、及时、有效地将火扑灭。

"防"和"消"是相辅相成的两个方面，是缺一不可的。因此，要积极做好"防"和"消"两个方面的工作，不可偏废任何一方。

7.1.2 燃烧条件

在一定温度下，与空气（氧）或其他氧化剂进行剧烈化合反应而发生热效发光现象的过程称为燃烧，俗称起火。任何燃烧事件的发生必须具备以下三个条件：

（1）存在能燃烧的物质。凡能与空气中的氧或其他氧化剂起剧烈化合反应的物质，都可称为可燃物质。如木材、油漆、纸张、天然气、汽油和酒精等。

（2）有助燃物。凡能帮助和支持燃烧的物质都叫助燃物。如空气、氧气等。

（3）有能使可燃物燃烧的火源。如火焰、火星和电火花等。

只有上述三个条件同时具备并相互作用，才能发生燃烧。

自燃是指可燃物质在没有外来热源的作用下，由其本身所进行的生物、物理或化学作用而产生热，当达到一定的温度时发生的自动燃烧现象。在一般情况下，能自燃的物质有植物产品、油脂、煤及硫化铁等。

7.1.3 防火和灭火基本方法

1. 防火

根据燃烧的条件，防火要从防止燃烧入手，即控制可燃物、隔离助燃物、消除着火源、阻止火势蔓延等。

（1）控制可燃物——使用难燃或不燃的材料代替可燃材料，限制易燃物品的贮存量。

（2）隔离助燃物——对使用、生产易燃易爆化学品的生产设备实行密闭操作，防止与空气接触形成可燃混合物，隔绝空气。

（3）消除着火源——在爆炸危险场所安装整体防爆电气设备，仓库、油库严禁吸烟，严禁明火作业，防静电。

（4）阻止火势蔓延——设防火墙或留防火间距，初期扑救、防止新的燃烧条件生成。

2. 灭火

根据燃烧的特点，灭火的方法主要有冷却法、隔离法、窒息法和抑制法等。

（1）冷却法——将灭火剂（如水）直接喷洒到燃烧物上，把燃烧物的温度降到其燃点以下，使燃烧停止，或者将灭火剂喷洒在火源附近的物体上，使其不受火焰辐射热的威胁，避免形成新的火点等。

（2）隔离法——将正在燃烧的物质和未燃烧的物质隔离，中断可燃物质的供给，使火势不能蔓延。例如，将火源附近的可燃、易燃和助燃的物品搬走，关闭可燃气体、液体管路的阀门，设法阻拦流散的液体等。

（3）窒息法——隔绝空气，使可燃物无法获得氧化剂助燃而停止燃烧。如二氧化碳灭火器，就是利用喷射出来的灭火剂隔绝空气或稀释燃烧区空气中的含氧量，使可燃物得不到充足的氧气而熄灭。

（4）抑制法——根据燃烧的游离基连锁反应机理，将有抑制作用的灭火剂喷洒到燃烧区，使燃烧反应过程产生的游离基消失，从而终止燃烧反应。如干粉、1211等均属这类灭火剂。

7.1.4 动火区域

根据工程选址位置、周围环境、平面布置、施工工艺和施工部位不同，建筑施工现场动火区域一般可分为三个等级。

1. 一级动火区域

一级动火区域，也称为禁火区域。在建筑施工现场凡属下列情况之一的，均属一级动火区域：

（1）在生产或者贮存易燃易爆物品场区内进行施工作业。

（2）周围存在生产或贮存易燃易爆品的场所，在防火安全距离范围内进行施工作业。

（3）施工现场内贮存易燃易爆危险物品的仓库、库区。

（4）施工现场木工作业区，木器原料、成品堆放区。

（5）在密闭的室内、容器内、地下室等场所，进行配制或者调和易燃易爆液体和涂刷油漆等作业。

2. 二级动火区域

凡属下列情况之一的，均属二级动火区域：

（1）禁火区域周围动火作业区。

（2）登高焊接或者金属切割作业区。

（3）木结构或砖木结构临时职工食堂的炉灶处。

3. 三级动火区域

凡属下列情况之一的，均属三级动火区域：

（1）无易燃易爆危险物品处的动火作业区。

（2）施工现场燃煤茶炉处。

（3）冬季燃煤取暖的办公室、宿舍等。

在一、二级动火区域施工，必须认真遵守消防法规，严格按照有关规定，建立健全防火安全制度。动火作业前必须按照规定程序办理动火审批手续，取得动火证；动火证必须注明动火地点、动火时间、动火人、现场监护人、批准人和防火措施。没经过审批的，一律不得实施明火作业。

7.1.5 火灾等级和分类

1. 火灾的等级

按照事故伤亡和经济损失程度，火灾分为特别重大火灾、重大火灾、较大火灾和一般火灾四个等级，其等级标准分别为：

（1）特别重大火灾，指造成30人以上死亡，或者100人以上重伤，或者1亿元以上直接财产损失的火灾。

（2）重大火灾，指造成10人以上30人以下死亡，或者50人以上100人以下重伤，或者5000万元以上1亿元以下直接财产损失的火灾。

（3）较大火灾，指造成3人以上10人以下死亡，或者10人以上50人以下重伤，或者 1000 万元以上 5000 万元以下直接财产损失的火灾。

（4）一般火灾，指造成 3 人以下死亡，或者 10 人以下重伤，或者 1000 万元以下直接财产损失的火灾。

2. 火灾的分类

火灾依据物质燃烧特性，可划分为 A、B、C、D、E 五类。

（1）A 类火灾，指固体物质火灾。这种物质往往具有有机物质性质，一般在燃烧时产生灼热的余烬。如木材、煤、棉、毛、麻和纸张等火灾。

（2）B 类火灾，指液体火灾和可熔化的固体物质火灾。如汽油、煤油、柴油、原油、甲醇、乙醇、沥青和石蜡等火灾。

（3）C 类火灾，指气体火灾。如煤气、天然气、甲烷、乙烷、丙烷和氢气等火灾。

（4）D 类火灾，指金属火灾。如钾、钠、镁及铝镁合金等火灾。

（5）E 类火灾，指带电物体和精密仪器等物质的火灾。

7.1.6　火灾险情处置

在施工现场发生火灾时，应一方面迅速报警，一方面组织人力积极扑救。

1. 火灾处置的基本原则

（1）先控制，后消灭。

（2）救人重于救火。

（3）先重点，后一般。

（4）正确使用灭火器材。

2. 火灾处置的基本要点

（1）立即报告——无论在任何时间、地点，一旦发现起火都要立即报告工程项目消防安全领导小组。

（2）集中力量——主要利用灭火器材，控制火势，集中灭火力量在火势蔓延的主要方向进行扑救以控制火势蔓延。

（3）消灭飞火——组织人力监视火场周围的建筑物、物料堆放等场所，及时扑灭未燃尽飞火。

（4）疏散物料——安排人力和设备，将受到火势威胁的物料转移到安全地带，阻止火势蔓延。

（5）积极抢救被困人员——人员集中的场所发生火灾，要由熟悉情况的人做向导，积极寻找和抢救被围困的人员。

3. 火灾救助

发生火灾时，应立即报警。我国火警电话号码为"119"。火警电话拨通后，要讲清起火的单位和详细地址，起火的部位、燃烧的物质和火灾的程度以及着火的周边环境等情况，以便消防部门根据情况派出相应的灭火力量。

报警后，起火单位要尽量迅速地清理通往火场的道路，以便消防车能顺利迅速地进入扑救现场。同时，应派人在起火地点的附近路口或单位门口迎候消防车辆，使之能迅速准确地到达火场，投入灭火战斗。

7.2 施工现场消防器材的配置和使用

7.2.1 灭火剂的分类

可用于灭火的物质有很多种，常使用的灭火剂有水、泡沫、二氧化碳、四氯化碳、卤代烷、干粉和惰性气体等。

灭火剂是通过灭火设备、器材来施放和喷射的。为了有效地扑救火灾，应根据燃烧物质的性质和火势发展情况，选用适合的、足量的灭火剂。

1. 泡沫灭火剂

泡沫是一种体积较小、表面被液体包围的气泡群，是扑救易燃、可燃液体火灾的有效灭火剂，现有化学泡沫和空气泡沫两种类型。

化学泡沫，是由两种化学泡沫粉的水溶液混合在一起，经化学反应生成的。

空气泡沫，是泡沫生成剂和水按一定比例混合，经机械作用，吸入大量的空气而生成的，因此也称为机械泡沫。

部分毒害品中的氰化物，如氰化钠、氰化钾等，遇泡沫中酸性物质能生成剧毒气体氰化氢，因此，对此类物质引起的火灾不能用化学泡沫灭火，可用水及沙土扑救。

2. 二氧化碳灭火剂

二氧化碳灭火剂在消防工作上有较广泛的应用。

二氧化碳气体不燃烧，也不助燃，所以在燃烧区内能够稀释空气，减少空气的含氧量，从而降低燃烧强度，直至使燃烧熄灭。

灭火用的二氧化碳灭火剂是以液态灌装在钢瓶内的。当二氧化碳从钢瓶内释放出时，迅速汽化、蒸发，体积扩大 400~500 倍，同时温度急剧降低到 −78℃ 左右，不但能够灭火，还具有一定的冷却作用。

由于二氧化碳具有不导电、不含水分、不污损仪器设备等优点，因此适用于扑救电气设备、精密仪器和图书档案等火灾。但是由于二氧化碳与一些金属化合时，金属能夺取二氧化碳中的氧气而继续燃烧，因此二氧化碳不能扑救金属钾、钠、镁和铝等物质的火灾。此外，二氧化碳也不能用来扑灭某些能够在惰性介质中燃烧的物质（如硝酸纤维）和物质内部的阴燃。

3. 1211 灭火剂

1211 灭火剂的主要成分是二氟一氯一溴甲烷（CF_2ClBr），它在常温常压下是气

64

体，沸点是－4℃。灭火剂在钢瓶中处于受压液化状态。从钢瓶里喷出的灭火剂是细小液滴和蒸气的混合物。灭火剂跟燃烧物接触时受热而产生溴离子，它跟燃烧物产生的氢自由基化合，使燃烧的链反应迅速中止，把火扑灭。1211的抑爆峰值小，可燃性气体中混有6%～7%体积的1211，燃烧就停止。

与二氧化碳灭火剂类似，1211灭火剂不能用来扑救本身就可供氧的化学物质（如硝酸纤维等）、金属钾、钠以及金属氢化物的火灾。

4. 化学干粉

干粉的种类很多，按使用范围分为如下几种：

（1）BC类干粉，是以碳酸氢钠、碳酸氢钾、氯化钾为主要成分的化学干粉，适用于扑救易燃气体、液体和电气设备的火灾。

（2）ABCD类干粉，是以硫酸铵、硫酸氢钾、磷酸二氢铵为主要成分的化学干粉，它适用于扑救多种火灾。

（3）D类干粉，是以氯化钠、碳酸钠、硼砂为主要成分的化学干粉，适用于扑救金属火灾。

化学干粉存贮在灭火器筒身内，在灭火时，由惰性气体加压，使化学干粉喷出，形成粉雾覆盖燃烧面，中断燃烧的连锁反应，达到灭火的目的。

化学干粉灭火剂应存放在通风干燥处，温度应保持在50℃以下。

5. 水

水是不燃液体，它是最常用、来源最丰富、使用最方便的灭火剂，在扑灭火灾中应用得最广泛。但是，以下失火情况不能使用水来灭火：

（1）电器失火。由于水通常属导电物质，不能用于扑救带电设备的火灾。

（2）遇水燃烧物品失火。因为遇水燃烧物品的化学性质活泼，能置换水中的氢，产生可燃气体，同时放出热量。如金属钾、钠遇水后，能置换水中的氢，产生的热量可达到氢的燃点。有的物品遇水后产生可燃的碳氢化合物（气体），同时放出热量引起燃烧、爆炸，如碳化钙遇水产生乙炔气、三丁基硼遇水产生丁醇等。这类物质也不能用水和含水的泡沫灭火。

（3）氧化剂中的过氧化物与水反应，能放出氧加速燃烧，如过氧化钠、过氧化钾、过氧化钙、过氧化钡等。

（4）硫酸、硝酸等酸类腐蚀物品，遇高压密集水流会立刻沸腾起来，使酸液四处飞溅。所以，发烟硫酸、氯磺酸、浓硝酸等发生火灾后，宜用雾状水、干沙土、二氧化碳灭火剂扑救。

（5）有的化学危险物品遇水能产生有毒或腐蚀性的气体，如甲基二氯硅烷、三氧甲基硅烷、磷化锌、磷化铝、三氯化磷和氯化硫等遇水后，能与水中的氢生成有毒或有腐蚀性的气体。

（6）相对密度小于1，且不溶于水的易燃液体有机氧化剂发生火灾，不能用水扑救，因为水会沉在液体下面，可能形成喷溅、漂流而扩大火灾。

7.2.2 消防器具的使用

建筑施工现场常用的消防器具有水池、消防沙、消防桶、消防铣、消防钩和灭火器等。

1. 消防水池

消防水池与建筑物之间的距离一般不得小于10m，在水池的周边留有消防车道。在冬季或者寒冷地区，消防水池应有可靠的防结冰措施。

2. 常见灭火器的性能和用途

如图7-1所示为几种常见的手提式灭火器。

（1）泡沫灭火器，如图7-1（a）所示，采用化学、空气等泡沫灭火剂，除用于扑救一般固体物质火灾外，还能扑救油类等可燃液体火灾，但不能扑救带电设备和醇、酮、酯、醚等有机溶剂的火灾。

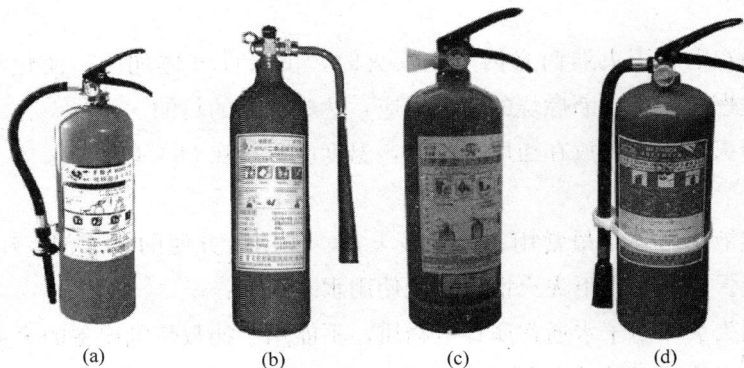

图7-1 常见的几种灭火器
(a) 泡沫灭火器；(b) 二氧化碳灭火器；(c) 1211灭火器；(d) 干粉灭火器

（2）二氧化碳灭火器，如图7-1（b）所示，使用液态二氧化碳灭火剂，可用于扑救电气精密仪器、油类和酸类火灾，但不能扑救钾、钠、镁、铝等物质火灾。

（3）1211灭火器，如图7-1（c）所示，使用二氟一氯一溴甲烷灭火剂，并充填压缩氮，可用于扑救电气设备、油类、化工化纤原料初起火灾。

（4）干粉灭火器，如图7-1（d）所示，使用钾盐或钠盐干粉灭火剂，盛装在有压缩气体小钢瓶内，可用于扑救电气设备、石油产品、油漆、有机溶剂、天然气火灾，但不宜扑救精密仪器等机电产品火灾。除扑救金属火灾的专用干粉化学灭火剂外，干粉灭火剂一般分为BC干粉灭火剂（碳酸氢钠）和ABC干粉（磷酸铵盐）两大类。

3. 常见灭火器的使用方法

（1）干粉灭火器

使用手提式灭火器灭火时，可手提或肩扛灭火器快速奔赴火场，在距燃烧处 5m 左右放下灭火器。如在室外，应选择在上风方向喷射。若是内置式储气瓶或者储压式灭火器，操作者应先将开启把上的铅封除掉［图 7-2 (a)］，拔下保险销［图 7-2 (b)］，然后握住喷射软管前端喷嘴部，另一只手将开启压把压下［图 7-2 (c)］，打开灭火器进行灭火。使用时，一手应始终压下压把，不能放开，否则会中断喷射。如果储气瓶的开启是手轮式的，则向逆时针方向旋开，并旋到最高位置，随即提起灭火器。

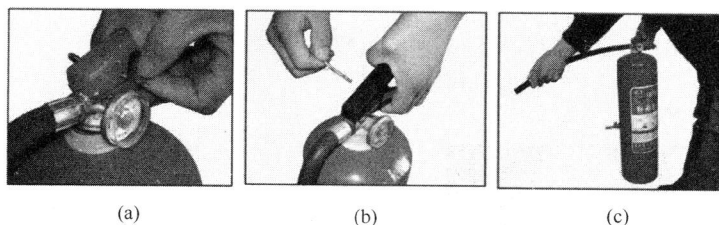

图 7-2　干粉灭火器的使用

(a) 除掉铅封；(b) 拔下保险销；(c) 打开灭火

干粉灭火器扑救可燃、易燃液体火灾时，应对准火焰腰部扫射。如果被扑救的液体火灾呈流淌燃烧时，应对准火焰根部由近而远，并左右扫射，直至把火焰全部扑灭。如果可燃液体在容器内燃烧，使用者应对准火焰根部左右晃动扫射，使喷射出的干粉流覆盖整个容器开口表面；当火焰被赶出容器时，使用者仍应继续喷射，直至将火焰全部扑灭。在扑救容器内可燃液体火灾时，应注意不能将喷嘴直接对准液面喷射，防止喷流的冲击力使可燃液体溅出而扩大火势，造成灭火困难。如果可燃液体在金属容器中燃烧时间过长，容器的壁温已高于扑救可燃液体的自燃点，此时极易造成灭火后复燃的现象，若与泡沫类灭火器联用，则灭火效果更佳。扑救固体可燃物火灾时，应对准燃烧最猛烈处喷射，并上下、左右扫射。如条件许可，使用者可提着灭火器沿着燃烧物的四周边走边喷，使干粉灭火剂均匀地喷在燃烧物的表面，直至将火焰全部扑灭。使用干粉灭火器应注意灭火过程中应始终保持直立状态，不得横卧或颠倒使用，否则不能喷粉；同时注意干粉灭火器灭火后防止复燃，因为干粉灭火器的冷却作用甚微，在着火点存在着炽热物的条件下，灭火后易产生复燃。

推车式干粉灭火器［图 7-3 (a)］，一般由两个人操作，先将灭火器迅速推（拉）到火场，在距离着火点 10m 左右处停下，由一人施放喷射软管后，双手紧握喷枪并对准燃烧处，另一人同手提式灭火器一样，操作者首先应先将开启把上的铅封除掉［图 7-3 (b)］，拔下保险销［图 7-3 (c)］，将阀门手柄旋转 90°，即可喷射干粉进行灭火。使用时注意事项与手提式相同。

(2) 二氧化碳灭火器

使用手提式灭火器灭火时，可将灭火器提到或扛到火场，在距燃烧物 5m 左右，放

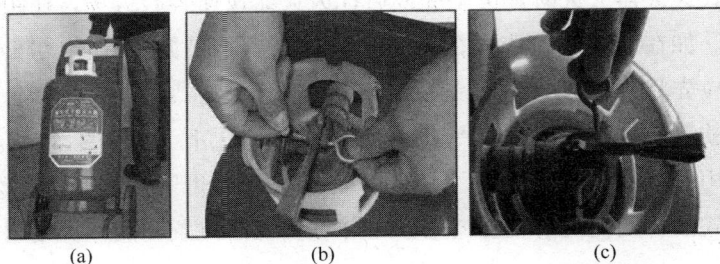

图 7-3 推车式干粉灭火器的使用

（a）将灭火器拉到火场；（b）拔下保险销；（c）手柄旋转喷射干粉

图 7-4 二氧化碳灭火器的使用

下灭火器。参照图 7-2（a），操作者应先将开启把上的铅封除掉，参照图 7-2（b），拔下保险销，一手握住喇叭筒根部的手柄，另一只手将开启压把压下，如图 7-4 所示，打开灭火器进行灭火。对没有喷射软管的二氧化碳灭火器，应把喇叭筒往上扳 70°～90°。使用时，不能直接用手抓住喇叭筒外壁或金属连线管，防止手被冻伤。如果可燃液体在容器内燃烧，使用者应将喇叭筒提起，从容器的一侧上部向燃烧的容器中喷射。但不能将二氧化碳射流直接冲击可燃液面，以防止将可燃液体冲出容器而扩大火势，造成灭火困难。灭火时，要保持直立位置，不可将灭火器水平或颠倒使用，喷嘴应对准火焰根部，由近及远，快速向前推进。在室外使用的，应选择在上风方向喷射；在室内窄小空间使用的，灭火后操作者应迅速离开，以防窒息。

推车式二氧化碳灭火器一般由两人操作，使用时两人一起将灭火器推（拉）到燃烧处，在离燃烧物 10m 左右停下，一人快速取下喇叭筒并展开喷射软管后，握住喇叭筒根部的手柄，另一人快速按逆时针方向旋动手轮，并开到最大位置。灭火方法与手提式相同。

（3）泡沫灭火器

使用手提式灭火器灭火时，可手提筒体上部的提环，迅速奔赴火场。这时应注意不得使灭火器过分倾斜，更不可横拿或颠倒，以免两种药剂混合而提前喷出。当距离着火点 10m 左右，即可将筒体颠倒过来［图 7-5（a）］，一只手紧握提

图 7-5 泡沫灭火器的使用

（a）颠倒筒体；（b）一手提环，一手扶筒底；（c）上下晃后放开喷嘴

环，另一只手扶住筒体的底圈［图 7-5（b）］，把灭火器颠倒过来呈垂直状态，用力上下晃动几下，然后放开喷嘴［图 7-5（c）］，把喷嘴朝向燃烧区，站在离火源 8m 左右的地方将射流对准燃烧物，并不断前进，兜围着火焰喷射，直至把火扑灭。

使用泡沫灭火器时，要将灭火器平稳地提到火场，注意筒身不宜过度倾斜，以免化学药液混合。若灭火器颠倒后没有泡沫喷出，应将筒身平放地上，疏通喷嘴，切不可旋开筒盖，以免筒盖飞出伤人。在扑救可燃液体火灾时，如已呈流淌状燃烧，则将泡沫由远而近喷射，使泡沫完全覆盖在燃烧液面上；如在容器内燃烧，应将泡沫射向容器的内壁，使泡沫沿着内壁流淌，逐步覆盖着火液面。切忌直接对准液面喷射，以免由于射流的冲击，反而将燃烧的液体冲散或冲出容器，扩大燃烧范围。在扑救固体物质火灾时，应将射流对准燃烧最猛烈处。灭火时随着有效喷射距离的缩短，使用者应逐渐向燃烧区靠近，并始终将泡沫喷在燃烧物上，直到扑灭。使用时，灭火器应始终保持倒置状态，否则会中断喷射。

泡沫灭火器存放应选择干燥、阴凉、通风且取用方便之处，不可靠近高温或可能受到曝晒的地方，以防止碳酸分解而失效；冬季要采取防冻措施，以防止冻结；并应经常擦除灰尘、疏通喷嘴，使之保持通畅。

使用推车式泡沫灭火器灭火时，一般由两人操作，先将灭火器迅速推（拉）到火场，在距离着火点 10m 左右处停下，由一人施放喷射软管后，双手紧握喷枪并对准燃烧处；另一个则先逆时针方向转动手轮，将螺杆升到最高位置，使瓶盖开足，然后将筒体向后倾倒，使拉杆触地，并将阀门手柄旋转 90°，即可喷射泡沫进行灭火。如阀门装在喷枪处，则由负责操作喷枪者打开阀门。

（4）1211 灭火器

1211 灭火器的使用方法与干粉灭火器相同。在窄小的室内灭火时，因 1211 灭火剂也有一定的毒性，灭火后操作者应迅速撤离，以防人体受到伤害。注意事项同干粉灭火器。

7.2.3　施工现场消防器材配备

（1）总平面超过 $1200m^2$ 的大型临时设施，应当按照消防要求配备灭火器，并根据防火的对象、部位，设立一定数量、容积的消防水池，配备不少于 4 套的取水桶、消防铣和消防钩。同时，要备有一定数量的黄沙池等器材、设施，并留有消防车道。图 7-6 为某施工现场消防器材配置。

（2）一般临时设施区域，配电室、

图 7-6　某施工现场消防器材配置

动火处、食堂、宿舍等重点防火部位，每 100m² 应当配备两个 10L 灭火器。

（3）临时木工间、油漆间、机具间等，每 25m² 应配备一个种类合适的灭火器；油库、危险品仓库、易燃堆料场应配备数量足够、种类合适的灭火器。

7.3 施工现场的消防措施

7.3.1 消防组织管理措施

1. 建立消防组织体系

建筑施工现场应当成立以项目负责人为组长、各部门参加的消防安全领导小组，建立健全消防制度，组织开展消防安全检查，一旦发生火灾事故，负责指挥、协调和调度扑救工作。

2. 成立义务消防队

义务消防队由消防安全领导小组确定，发生火灾时，听从领导小组指挥，积极参加扑救工作。

3. 编制消防预案

工程项目部应当根据工程实际情况，编制火灾事故应急救援预案，有效组织开展消防演练。

4. 组织消防检查

安全部门负责日常监督检查工作，安全巡视的同时进行消防检查，推动消防安全制度的贯彻落实。

5. 消防安全教育

施工现场项目部在安全教育的同时，开展形式多样的宣传教育，普及消防知识，提高员工防火警惕性。

6. 建立动火审批制度

施工作业用火时，应当经施工现场防火负责人审查批准后，方可在指定的地点、时间内作业。动火作业应设动火监护人。

7.3.2 平面布置消防要求

1. 一般规定

（1）临时用房、临时设施的布置应满足现场防火、灭火及人员安全疏散的要求。

（2）应纳入施工现场总平面布局的临时用房和临时设施包括：施工现场的出入口、围墙、围挡、场内临时道路、给水管网或管路和配电线路敷设或架设的走向、高度、施工现场办公用房、宿舍、发电机房、变配电房、可燃材料库房、易燃易爆危险品库房、可燃材料堆场及其加工场、固定动火作业场等以及临时消防车道、消防救援场地和消防水源。

（3）施工现场出入口的设置应满足消防车通行的要求，并宜布置在不同方向，其数量不宜少于2个。当确有困难只能设置1个出入口时，应在施工现场内设置满足消防车通行的环形道路。

（4）固定动火作业场应布置在可燃材料堆场及其加工场、易燃易爆危险品库房等全年最小频率风向的上风侧，并宜布置在临时办公用房、宿舍、可燃材料库房、在建工程等全年最小频率风向的上风侧。

（5）易燃易爆危险品库房应远离明火作业区、人员密集区和建筑物相对集中区。

（6）可燃材料堆场及其加工场、易燃易爆危险品库房不应布置在架空电力线下。

2. 防火间距

（1）易燃易爆危险品库房与在建工程的防火间距不应小于15m，可燃材料堆场及其加工场、固定动火作业场与在建工程的防火间距不应小于10m，其他临时用房、临时设施与在建工程的防火间距不应小于6m。

（2）施工现场主要临时用房、临时设施的防火间距不应小于《建设工程施工现场消防安全技术规范》GB 50720—2011表3.2.2的规定。当办公用房、宿舍成组布置时，其防火间距可适当减小，但应符合规定：每组临时用房的栋数不应超过10栋，组与组之间的防火间距不应小于8m、组内临时用房之间的防火间距不应小于3.5m；当建筑构件燃烧性能等级为A级时，其防火间距可减少到3m。

3. 消防车道

（1）施工现场内应设置临时消防车道，临时消防车道与在建工程、临时用房、可燃材料堆场及其加工场的距离不宜小于5m，且不宜大于40m；施工现场周边道路满足消防车同行及灭火救援要求时，施工现场内可不设置临时消防车道。

（2）临时消防车道的设置应符合规定：临时消防车道宜为环形，设置环形车道确有困难时，应在消防车道尽端设置尺寸不小于12m×12m的回车场、临时消防车道的净宽度和净空高度均不应小于4m、临时消防车道的右侧应设置消防车行进路线指示标识、临时消防车道路基、路面及其下部设施应能承受消防车通行压力及工作荷载。

（3）下列建筑应设置环形临时消防车道，设置环形临时消防车道确有困难时，除应按《建设工程施工现场消防安全技术规范》GB 50720—2011第3.3.2条的规定设置回车场外，尚应按《建设工程施工现场消防安全技术规范》GB 50720—2011第3.3.4条的规定设置临时消防救援场地：建筑高度大于24m的在建工程、建筑工程单体占地面积大于3000m²的在建工程、超过10栋、且成组布置的临时用房。

（4）临时消防救援场地的设置应符合规定：临时消防救援场地应在在建工程装饰装修阶段设置，临时消防救援场地应设置在成组布置的临时用房场地的长边一侧及在建工程的长边一侧，临时救援场地宽度应满足消防车正常操作要求，且不应小于6m，与在建工程外脚手架的净距不宜小于2m，且不宜超过6m。

7.3.3 焊割作业防火安全要求

1. 金属焊割作业时必须注意以下几个方面的问题

（1）乙炔气瓶应安装回火防止器，防止回火发生事故。

（2）乙炔瓶应放置在距离明火10m以外的地方，严禁倒放。

（3）乙炔瓶和氧气瓶，使用时两者的距离不得小于5m，不得放置在高压线下面或在太阳下曝晒。

（4）每天操作前都必须对乙炔瓶和氧气瓶进行认真检查。

（5）电焊机应有良好的隔离防护装置，电焊机的绝缘电阻不得小于$1M\Omega$。

（6）电焊机的接线柱、接线孔等应装在绝缘板上，并有防护罩保护。

（7）电焊机应放置在避雨、干燥、通风的地方。

（8）室内焊接时，电焊机的位置、线路敷设和操作地点的选择应符合防火安全要求，作业前必须进行检查，焊接寻线要有足够的截面。

（9）严禁将焊接导线搭在氧气瓶、乙炔瓶、发生器、煤气和液化气等易燃易爆设备上。

2. 金属焊割作业前要明确作业任务，认真了解作业环境，划定动火危险区域，并设立明显标志，危险区内的一切易燃易爆品都必须移走。

3. 刮风天气，要注意风力的大小和风向变化，防止把火星吹到附近的易燃物上，必要时应派人监护。

4. 高处金属焊割作业，要根据作业高度、风向、风力划定火灾危险区域，大雾天气和六级风时应当停止作业。

7.3.4 木工作业防火安全要求

（1）施工现场的木工作业场所，严禁动用明火。

（2）木工作业场地和个人工具箱内要严禁存放油料和易燃易爆物品。

（3）经常对作业场所的电气设备及线路进行检查，发现短路、电气打火和线路绝缘老化、破损等情况及时维修。

（4）熬水胶使用的炉子，应在单独房间里进行，用后要立即熄灭。

（5）木工作业完工后，必须将现场清理干净，锯末、刨花要堆放在指定的地点。

7.3.5 电工作业防火安全要求

（1）根据负荷合理选用导线截面，不得随意在线路上接入过多负载。

（2）保持导线支持物良好完整，防止布线过松。

（3）导线连接要牢固。

（4）经常检查导线的绝缘电阻，保持绝缘层的强度和完整。

（5）不宜带电安装和修理电气设备。

7.3.6　油漆作业防火安全要求

油漆作业所使用的材料都是易燃易爆的化学材料。因此，无论油漆的作业场地或临时存放的库房，都严禁动用明火。室内作业时，一定要有良好的通风条件，照明电气设备必须使用防爆灯头，禁止穿钉子鞋出入现场，严禁吸烟，周围的动火作业要远离 10m 以外。

7.3.7　防腐作业防火安全要求

目前建筑工程采用的防腐蚀材料，多数都是易燃易爆的化学高分子材料，要特别注意防护安全。

（1）硫磺熬制、贮存和施工时，要严格控制温度，贮存、运输和施工时，严禁与木炭、硝石相混。

（2）乙二胺是树脂类常用的固化剂，是一种挥发性很强的化学物质，遇火种、高温和氧化剂有燃烧的危险，与醋酸、醋酐、二硫化碳、氯磺酸、盐酸、硝酸、硫酸和过氧酸根等发生反应时非常剧烈。

1）应贮存在阴凉通风的仓库内，远离火种、热源。

2）应与酸类、氧化剂隔离堆放。

3）搬运时要轻装轻卸，防止破损。

4）一旦发生火灾，要用泡沫、二氧化碳、干粉灭火剂以及沙土、雾状水灭火。

5）贮存、运输时一定将盖盖好，不能漏气。

6）作业时严禁烟火，注意通风。

（3）树脂类防腐蚀材料施工时，要避开高温，不得置于太阳下长时间曝晒；作业场地和储存库都要远离明火，储存库要阴凉通风。

7.3.8　高层建筑施工防火安全要求

（1）已建成的建筑物楼梯不得封堵。

（2）脚手架内的作业层应畅通，并搭设不少于 2 处与主体建筑内相衔接的通道。

（3）脚手架外挂的密目式安全网，必须符合阻燃标准要求，严禁使用不阻燃的安全网。

（4）30m 以上的高层建筑施工，应当设置加压水泵和消防水源管道，每层应设出水管口，并配备一定长度的消防水管。

（5）高层金属焊割作业应当办理动火证，动火处应当配备灭火器，并设专人监护，发现险情，立即停止作业，采取措施，及时扑灭火源。

（6）临时用电线路应使用绝缘良好的电缆，严禁将线缆绑在脚手架上。

（7）应设立防火警示标志。

（8）在易燃易爆物品处施工的人员不得吸烟和随便焚烧废弃物。

7.3.9　地下工程施工防火安全要求

（1）地下建筑施工应当保证通道畅通，通道处不得堆放障碍物。

（2）地下建筑室内不得贮存易燃易爆物品，不得在室内配制用于防腐、防水、装饰的危险化学品溶液。

（3）在进行防腐作业时，地下室内应采取一定的通风措施，保证空气流通；照明用电线路不得有接头或裸露部分，照明灯具应当使用防爆灯具；施工人员严禁吸烟和动火。

（4）地下建筑进行装饰时，不得同时进行水暖、电气安装的金属焊割作业。

（5）地下建筑室内施工时，施工人员应当严格遵守安全操作规程，易引发火灾的特殊作业，应设监护人，并配置必备的易燃易爆气体检测仪和消防器具，必要时应当采取强制通风措施。

7.3.10　施工现场生活区消防管理

（1）生活区应当建立消防责任制。

（2）在生活区内应设置消防栓或不小于 $20m^3$ 容量的蓄水池蓄水。

（3）每栋宿舍两端应当挂设灭火器，如宿舍较长还应在正面适当增挂。

（4）严禁将易燃易爆物品带入宿舍。

（5）宿舍内严禁私自乱接拉电线，严禁使用电炉等电加热器具。

（6）夏天使用蚊香一定要放在金属盘内，并与可燃物保持一定距离。

（7）宿舍内禁止乱丢烟头、火柴棒，不准躺在床上吸烟。

（8）宿舍床下保持干净无杂物，禁止堆放废纸、包装箱等易燃物。

7.3.11　临时用房防火

（1）宿舍、办公用房的防火设计应符合下列规定：

1）建筑构件的燃烧性能等级应为 A 级。当采用金属夹芯板材时，其芯材的燃烧性能等级应为 A 级。

2）建筑层数不应超过 3 层，每层建筑面积不应大于 $300m^2$。

3）层数为 3 层或每层建筑面积大于 $200m^2$ 时，应设置至少 2 部疏散楼梯，房间疏散门至疏散楼梯的最大距离不应大于 25m。

4）单面布置用房时，疏散走道的净宽度不应小于 1.0m；双面布置用房时，疏散走道的净宽度不应小于 1.5m。

5）疏散楼梯的净宽度不应小于疏散走道的净宽度。

6）宿舍房间的建筑面积不应大于 $30m^2$，其他房间的建筑面积不宜大于 $100m^2$。

7）房间内任一点至最近疏散门的距离不应大于 15m，房门的净宽度不应小于 0.8m；房间建筑面积超过 $50m^2$ 时，房门的净宽度不应小于 1.2m。

8）隔墙应从楼地面基层隔断至顶板基层底面。

（2）发电机房、变配电房、厨房操作间、锅炉房、可燃材料库房及易燃易爆危险品库房的防火设计应符合下列规定：

1）建筑构件的燃烧性能等级应为 A 级。

2）层数应为 1 层，建筑面积不应大于 $200m^2$。

3）可燃材料库房单个房间的建筑面积不应超过 $30m^2$，易燃易爆危险品库房单个房间的建筑面积不应超过 $20m^2$。

4）房间内任一点至最近疏散门的距离不应大于 10m，房门的净宽度不应小于 0.8m。

（3）其他防火设计应符合下列规定：

1）宿舍、办公用房不应与厨房操作间、锅炉房、变配电房等组合建造。

2）会议室、文化娱乐室等人员密集的房间应设置在临时用房的第一层，其疏散门应向疏散方向开启。

7.3.12 在建工程防火

（1）在建工程作业场所的临时疏散通道应采用不燃、难燃材料建造，并应与在建工程结构施工同步设置，也可利用在建工程施工完毕的水平结构、楼梯。

（2）在建工程作业场所临时疏散通道的设置应符合下列规定：

1）耐火极限不应低于 0.5h。

2）设置在地面上的临时疏散通道，其净宽度不应小于 1.5m；利用在建工程施工完毕的水平结构、楼梯作临时疏散通道时，其净宽度不宜小于 1.0m；用于疏散的爬梯及设置在脚手架上的临时疏散通道，其净宽度不应小于 0.6m。

3）临时疏散通道为坡道，且坡度大于 25°时，应修建楼梯或台阶踏步或设置防滑条。

4）临时疏散通道不宜采用爬梯，确须采用时，应采取可靠固定措施。

5）临时疏散通道的侧面为临空面时，应沿临空面设置高度不小于 1.2m 的防护栏杆。

6）临时疏散通道设置在脚手架上时，脚手架应采用不燃材料搭设。

7) 临时疏散通道应设置明显的疏散指示标识。

8) 临时疏散通道应设置照明设施。

（3）既有建筑进行扩建、改建施工时，必须明确划分施工区和非施工区。施工区不得营业、使用和居住；非施工区继续营业、使用和居住时，应符合下列规定：

1) 施工区和非施工区之间应采用不开设门、窗、洞口的耐火极限不低于 3.0h 的不燃烧体隔墙进行防火分隔。

2) 非施工区内的消防设施应完好和有效，疏散通道应保持畅通，并应落实日常值班及消防安全管理制度。

3) 施工区的消防安全应配有专人值守，发生火情应能立即处置。

4) 施工单位应向居住和使用者进行消防宣传教育，告知建筑消防设施、疏散通道的位置及使用方法，同时应组织疏散演练。

5) 外脚手架搭设不应影响安全疏散、消防车正常通行及灭火救援操作，外脚手架搭设长度不应超过该建筑物外立面周长的 1/2。

（4）外脚手架、支模架的架体宜采用不燃或难燃材料搭设，下列工程的外脚手架、支模架的架体应采用不燃材料搭设：

1) 高层建筑。

2) 既有建筑改造工程。

（5）下列安全防护网应采用阻燃型安全防护网：

1) 高层建筑外脚手架的安全防护网。

2) 既有建筑外墙改造时，其外脚手架的安全防护网。

3) 临时疏散通道的安全防护网。

（6）作业场所应设置明显的疏散指示标志，其指示方向应指向最近的临时疏散通道入口。

（7）作业层的醒目位置应设置安全疏散示意图。

7.3.13　可燃物及易燃易爆危险品管理

（1）用于在建工程的保温、防水、装饰及防腐等材料的燃烧性能等级应符合设计要求。

（2）可燃材料及易燃易爆危险品应按计划限量进场。进场后，可燃材料宜存放于库房内。露天存放时，应分类成垛堆放，垛高不应超过 2m，单垛体积不应超过 $50m^3$，垛与垛之间的最小间距不应小于 2m，且应采用不燃或难燃材料覆盖。易燃易爆危险品应分类专库储存，库房内应通风良好，并应设置严禁明火标志。

（3）室内使用油漆及其有机溶剂、乙二胺、冷底子油等易挥发产生易燃气体的物资作业时，应保持良好通风，作业场所严禁明火，并应避免产生静电。

（4）施工产生的可燃、易燃建筑垃圾或余料，应及时清理。

7.3.14　用火、用电、用气管理

（1）施工现场用火应符合规定：动火作业应办理动火许可证；动火许可证的签发人收到动火申请后，应前往现场查验并确认动火作业的防火措施落实后，再签发动火许可证；动火操作人员应具有相应资格；焊接、切割、烘烤或加热等动火作业前，应对作业现场的可燃物进行清理；作业现场及其附近无法移走的可燃物应采用不燃材料对其覆盖或隔离。施工作业安排时，宜将动火作业安排在使用可燃建筑材料的施工作业前进行。确需在使用可燃建筑材料的施工作业之后进行动火作业时，应采取可靠的防火措施；裸露的可燃材料上严禁直接进行动火作业；焊接、切割、烘烤或加热等动火作业应配备灭火器材，并应设置动火监护人进行现场监护，每个动火作业点均应设置1个监护人；五级（含五级）以上风力时，应停止焊接、切割等室外动火作业；确需动火作业时，应采取可靠的挡风措施；动火作业后，应对现场进行检查，并应在确认无火灾危险后，动火操作人员再离开；具有火灾、爆炸危险的场所严禁明火；施工现场不应采用明火取暖；厨房操作间炉灶使用完毕后，应将炉火熄灭，排油烟机及油烟管道应定期清理油垢。

（2）施工现场用电应符合规定：施工现场供用电设施的设计、施工、运行和维护应符合现行国家标准《建设工程施工现场供用电安全规范》GB 50194—2014 的有关规定；电气线路应具有相应的绝缘强度和机械强度，严禁使用绝缘老化或失去绝缘性能的电气线路，严禁在电气线路上悬挂物品。破损、烧焦的插座、插头应及时更换；电气设备与可燃、易燃易爆危险品和腐蚀性物品应保持一定的安全距离；有爆炸和火灾危险的场所，应按危险场所等级选用相应的电气设备；配电屏上每个电气回路应设置漏电保护器、过载保护器，距配电屏 2m 范围内不应堆放可燃物，5m 范围内不应设置可能产生较多易燃、易爆气体、粉尘的作业区；可燃材料库房不应使用高热灯具；易燃易爆危险品库房内应使用防爆灯具；普通灯具与易燃物的距离不宜小于 300mm；聚光灯、碘钨灯等高热灯具与易燃物的距离不宜小于 500mm；电气设备不应超负荷运行或带故障使用；严禁私自改装现场供用电设施；应定期对电气设备和线路的运行及维护情况进行检查。

（3）施工现场用气应符合下列规定：储装气体的罐瓶及其附件应合格、完好和有效；严禁使用减压器及其他附件缺损的氧气瓶，严禁使用乙炔专用减压器、回火防止器及其他附件缺损的乙炔瓶；气瓶运输、存放、使用时，应符合：气瓶应保持直立状态，并采取防倾倒措施，乙炔瓶严禁横躺卧放；严禁碰撞、敲打、抛掷、滚动气瓶；气瓶应远离火源，与火源的距离不应小于 10m，并应采取避免高温和防止曝晒的措施；燃气储装瓶罐应设置防静电装置的规定；气瓶应分类储存，库房内应通风良好；空瓶和

实瓶同库存放时，应分开放置，空瓶和实瓶的间距不应小于 1.5m；气瓶使用时，应符合使用前，应检查气瓶及气瓶附件的完好性，检查连接气路的气密性，并采取避免气体泄漏的措施，严禁使用已老化的橡皮气管；氧气瓶与乙炔瓶的工作间距不应小于 5m，气瓶与明火作业点的距离不应小于 10m；冬季使用气瓶，气瓶的瓶阀、减压器等发生冻结时，严禁用火烘烤或用铁器敲击瓶阀，严禁猛拧减压器的调节螺丝；氧气瓶内剩余气体的压力不应小于 0.1MPa；气瓶用后应及时归库的规定。

7.3.15　其他防火管理

（1）施工现场的重点防火部位或区域应设置防火警示标识。

（2）施工单位应做好施工现场临时消防设施的日常维护工作，对已失效、损坏或丢失的消防设施应及时更换、修复或补充。

（3）临时消防车道、临时疏散通道、安全出口应保持畅通，不得遮挡、挪动疏散指示标识，不得挪用消防设施。

（4）施工期间，不应拆除临时消防设施及临时疏散设施。

（5）施工现场严禁吸烟。

8 施工现场安全标志

施工现场施工机械、机具种类多，高空和交叉作业多，临时设施多，作业环境复杂，不安全因素多，属于危险因素较大的作业场所。在施工现场的危险部位以及设备、设施上应设置安全警示标志，提醒、警示施工作业人员，时刻认识到所处环境的危险性，避免事故发生。

8.1 安全标志

8.1.1 安全标志的含义

根据《安全标志及其使用导则》GB 2894—2008 规定，安全标志是用于表达特定信息的标志，由图形符号、安全色、几何图形（边框）或文字组成。包括提醒人们注意的各种标牌、文字、符号以及灯光等，以此表达特定的安全信息。其目的是引起人们对不安全因素的注意，防止发生事故。

8.1.2 安全标志的使用范围

设置在工矿企业、建筑工地、厂内运输和其他有必要提醒人们注意安全、容易发生事故或危险性较大的场所，以提高人们的防范意识，减少或避免事故的发生。

8.1.3 安全标志的分类

安全标志分为禁止标志、警告标志、指令标志和提示标志四类。

1. 禁止标志

禁止标志是禁止人们不安全行为的图形标志。几何图形为白底黑色图案加带斜杠的红色圆环，并在正下方用文字补充说明禁止的行为模式。图 8-1 为施工现场常见的两种禁止标志——禁止吸烟、禁止通行。

2. 警告标志

警告标志是提醒人们对周围环境引起注意，以避免可能发生危险的图形标志。几何图形为黄底黑色图案加三角形黑边，并在正下方用文字补充说明当心的行为模式。图 8-2 为施工现场常见的两种警告标志——当心火灾、注意安全。

图 8-1　禁止标志　　　　　　　　　　图 8-2　警告标志

（a）禁止吸烟；（b）禁止通行　　　　（a）当心火灾；（b）注意安全

3. 指令标志

指令标志是强制人们必须做出某种动作或采用防范措施的图形标志。几何图形为圆形，以蓝底白线条的圆形图案加文字说明。图 8-3 为施工现场经常见到的两种指令标志——必须系安全带、必须戴安全帽。

4. 提示标志

提示标志是向人们提供某种信息（如标明安全设施或场所等）的图形标志。图形为长方形，以绿底（防火为红底）白线条的图案加文字说明。图 8-4 为两种常见的提示标志——紧急出口、避险处。

 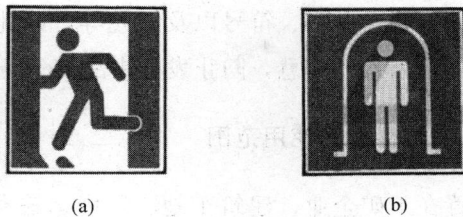

图 8-3　警告标志　　　　　　　　　图 8-4　提示标志

（a）必须系安全带；（b）必须戴安全帽　　（a）紧急出口；（b）避险处

8.2　安全色

8.2.1　安全色及其分类

1. 安全色的含义

根据《安全色》GB 2893—2008 规定，安全色是传递安全信息含义的颜色。

2. 安全色分类

安全色分为红、黄、蓝、绿四种颜色，分别表示禁止、警告、指令和提示。

（1）红色——表示禁止、停止、危险以及消防设备的意思。凡是禁止、停止、消防和有危险的器件或环境均应涂以红色的标记作为警示的信号。

各种禁止标志；交通禁令标志；消防设备标志；机械的停止按钮、刹车及停车装置的操纵手柄；机器转动部件的裸露部分，如飞轮、齿轮、皮带轮等轮辐部分；指示器上各种表头的极限位置的刻度；各种危险信号旗等。

（2）黄色——表示提醒人们注意。凡是警告人们注意的器件、设备及环境都应以黄色表示。

各种警告标志；道路交通标志和标线；警戒标记，如危险机器和坑池周围的警戒线等；各种飞轮、皮带轮及防护罩的内壁；警告信号旗等。

（3）蓝色——表示指令，要求人们必须遵守的规定。

各种指令标志；交通指示车辆和行人行驶方向的各种标线等标志。

（4）绿色——表示给人们提供允许、安全的信息。

各种提示标志；安全通道、行人和车辆的通行标志、急救站和救护站等；消防疏散通道和其他安全防护设备标志；机器启动按钮及安全信号旗等。

8.2.2　对比色

1. 对比色的含义

使安全色更加醒目的反衬色，包括黑、白两种颜色。

2. 安全色与对比色的使用

安全色与对比色同时使用时，应按表 8-1 规定搭配使用。

安全色的对比色　　　　　　　　　　　　　　　　　表 8-1

安 全 色	对 比 色
红色	白色
蓝色	白色
黄色	黑色
绿色	白色

（1）黑色——黑色用于安全标志的文字、图形符号和警告标志的几何边框。

（2）白色——白色作为安全标志红、蓝、绿的背景色，也可用于安全标志的文字和图形符号。

（3）安全色与对比色的相间条纹

1）红色与白色相间条纹：表示禁止人们进入危险的环境。

公路交通等方面所使用防护栏杆及隔离墩表示禁止跨越；固定禁止标志的标志杆下面的色带等。

2）黄色与黑色相间条纹：表示提示人们特别注意的意思。

各种机械在工作或移动时容易碰撞的部位，如移动式起重机的外伸腿、起重机的吊钩滑轮侧板、起重臂的顶端、四轮配重；平顶拖车的排障器及侧面栏杆；门式起重机和门架下端；剪板机的压紧装置等。

3）蓝色与白色相间条纹：表示必须遵守规定的信息。

4）绿色与白色相间的条纹：与提示标志牌同时使用，可更为醒目地提示人们。

8.3　施工现场安全标志设置

施工单位应当根据工程项目的规模、施工现场的环境、工程结构形式以及设备、机具的位置等情况，确定危险部位，有针对性地设置安全标志。施工现场应绘制安全标志布置总平面图，根据施工不同阶段的施工特点，有针对性地进行设置、悬挂和增减。

8.3.1　安全标志设置方式

1. 高度

安全标志牌的设置高度应与人眼的视线高度一致，禁止烟火、当心坠物等环境标志牌下边缘距离地面高度不能小于 2m；禁止乘人、当心伤手、禁止合闸等局部信息标志牌的设置高度应视具体情况确定。

2. 角度

标志牌的平面与视线夹角应接近 90°角，观察者位于最大观察距离时，最小夹角不低于 75°。

3. 位置

标志牌应设在与安全有关的醒目和明亮地方，并使大家看见后，有足够的时间来注意它所表示的内容。环境信息标志宜设在有关场所的入口处和醒目处；局部信息标志应设在所涉及的相应危险地点或设备（部件）附近的醒目处。标志牌一般不宜设置在可移动的物体上，以免这些物体位置移动后看不见安全标志。标志牌前不得放置妨碍认读的障碍物。

4. 顺序

同一位置必须同时设置不同类型的多个标志牌时，应当按照警告、禁止、指令、提示的顺序，先左后右、先上后下排列设置。

5. 固定

建筑施工现场设置的安全标志牌的固定方式主要有附着式和悬挂式两种。在其他场所也可采用柱式。悬挂式和附着式的固定应稳固不倾斜，柱式的标志牌和支架应牢固地联接在一起。

8.3.2 安全标志设置部位

根据国家有关规定，施工现场入口处、施工起重机械、临时用电设施、脚手架、出入通道口、楼梯口、电梯井口、孔洞口、桥梁口、隧道口、基坑边沿、爆破物及有害危险气体和液体存放处等属于危险部位，应当设置明显的安全标志。

安全标志的类型、数量应当根据危险部位的性质不同，设置不同的安全警示标志。如：在爆破物及有害危险气体和液体存放处设置禁止烟火、禁止吸烟等禁止标志；在施工机具旁设置当心触电、当心伤手等警告标志；在施工现场入口处设置必须戴安全帽等指令标志；在通道口处设置安全通道等指示标志；在施工现场的沟、坎、深基坑等处，夜间要设红灯示警。

8.3.3 施工现场常用安全标志

施工现场常用的安全标志内容见表 8-2，安全标志图标见附录 C。

建筑施工现场常用的安全标志 表 8-2

序号	安全标志内容	序号	安全标志内容	序号	安全标志内容
一、禁止标志		二、警告标志		三、指令标志	
1	禁止吸烟	20	注意安全	39	必须戴防护眼镜
2	禁止烟火	21	当心火灾	40	必须戴防毒面具
3	禁止用水灭火	22	当心爆炸	41	必须戴防尘口罩
4	禁止放置易燃物	23	当心中毒	42	必须戴护耳器
5	禁止启动	24	当心触电	43	必须戴安全帽
6	禁止合闸	25	当心电缆	44	必须戴防护手套
7	禁止触摸	26	当心机械伤人	45	必须穿防护鞋
8	禁止跨越	27	当心伤手	46	必须系安全带
9	禁止攀登	28	当心扎脚	47	必须穿防护服
10	禁止跳下	29	当心吊物	48	必须加锁
11	禁止入内	30	当心坠落	四、提示标志	
12	禁止停留	31	当心落物	49	紧急出口
13	禁止通行	32	当心坑洞	50	可动火区
14	禁止靠近	33	当心烫伤	51	避险处
15	禁止乘人	34	当心弧光		
16	禁止堆放	35	当心塌方		
17	禁止抛物	36	当心车辆		
18	禁止戴手套	37	当心滑跌		
19	禁止穿带钉鞋	38	当心绊倒		

9 施工现场急救知识

建筑施工现场容易发生触电、创伤、火灾、中毒、中暑伤害以及传染病等，能否在第一时间实施正确的应急救护，对减少、减轻伤害至关重要。施工现场急救目的，是应用急救知识和最简单的急救技术进行现场初级救生，最大限度地稳定伤病员的伤情、病情，维持伤病员的最基本的生命体征，防止伤病恶化，减少并发症。

9.1 应急救护

9.1.1 现场救护程序

现场急救，一般按照环境评估、伤情评判、打开气道、人工呼吸和人工循环程序进行。

1. 环境评估

即对环境存在的危险因素进行观察和评估。

（1）首先确认环境有无危害急救者及伤病者的危险因素，确保自己及伤病者的安全。

（2）有危险因素时应首先将其排除，无法排除时应呼救待援，不要随意进入事故现场。

（3）确认现场无危险因素后应迅速进入现场检查伤者的伤情。

2. 伤情评判

即对伤者的伤害程度进行检查评判。

（1）先在伤病者耳边大声呼唤，再轻拍其肩、臂，以试其反应；如没有反应，则可判定伤病者已经丧失意识。

（2）了解伤病者受伤过程，以确定伤病者可能受到的伤害形式。如系高处坠落，可能造成脊椎受伤，切勿随意搬动。

3. 打开气道

意识丧失的伤病者可因舌后坠而堵塞气道，造成呼吸障碍甚至窒息。一般情况下，可使用压额提颏法打开气道，其手法如图 9-1 所示。如果怀疑系颈椎损伤，则应用改良推颌法打开气道，其手法如图 9-2 所示。

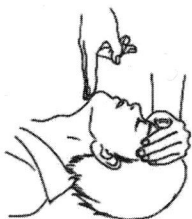

图 9-1　压额提颏法　　　　　图 9-2　改良推颌法

4. 人工呼吸

用 5~10s，以听（呼吸音）、看（胸壁起伏）、感觉（呼气）的方法检查伤病者是否仍有自主呼吸，如图 9-3 所示。如果无正常呼吸，应当高声呼救，并立即实行人工呼吸，如图 9-4 所示。

5. 人工循环

即胸外心脏按压，如图 9-5 所示。有严重出血的伤病者，应立即止血。

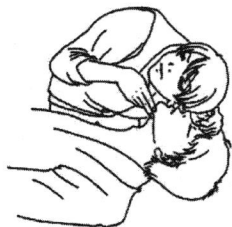

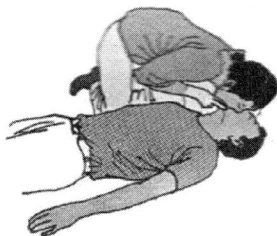

图 9-3　检查呼吸——听、　　　图 9-4　人工呼吸　　　　图 9-5　胸外心脏按压
　　　　看、感觉

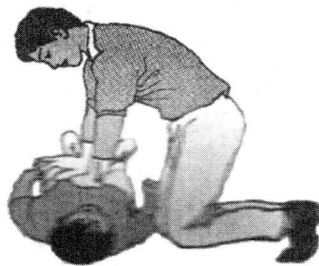

9.1.2　申请急救服务

拨打急救电话 120，求助者应等待接电话者完全接收到信息并示意后才可挂断电话。电话内容包括：

（1）现场联络人的姓名、电话。

（2）事故发生的工程名称、工程地点（必要时可说明到达现场的途径）。

（3）事故发生的过程、种类。

（4）事故中伤病者人数。

（5）事故中受伤情况（受伤种类及其严重程度）。

（6）特殊说明（如需要接近被困伤病者或解除伤病者缠压物等）。

（7）要求接听者将内容重复一次，确保信息准确无误。

9.2 施工现场急救常识

9.2.1 触电急救知识

触电者的生命能否获救，在绝大多数情况下取决于能否迅速脱离电源和正确地实行人工呼吸和心脏按压。拖延时间、动作迟缓或救护不当，都可能造成死亡。

1. 脱离电源

发现有人触电时，应立即断开电源开关或拔出插头，若一时无法找到并断开电源开关时，可用绝缘物（如干燥的木棒、竹竿、手套）将电线移开，使触电者脱离电源。必要时可用绝缘工具切断电源。如果触电者在高处，要采取防坠落措施，防止触电者脱离电源后摔伤。

2. 紧急救护

根据触电者的情况，进行简单的检查，根据情况不同分别处理：

（1）对于神志清醒，但感到乏力、头昏、心悸、出冷汗、四肢发麻，甚至有恶心或呕吐的伤者，应使其就地安静休息，减轻心脏负担，加快恢复；情况严重时，应立即小心送往医疗部门检查治疗。

（2）对于呼吸、心跳尚存在，但神志昏迷的伤者，应将病人仰卧，保证周围空气流通，并注意保暖；除了要严密观察外，还要做好人工呼吸和心脏按压的准备工作。

（3）经检查发现处于"假死"状态的伤者，则应立即针对不同类型的"假死"对症处理：如呼吸停止，应用口对口的人工呼吸法来维持气体交换；如心脏停止跳动，应用体外人工心脏按压法来维持血液循环。

3. 救助方法

（1）口对口人工呼吸法——病人仰卧、松开衣物，清理病人口腔阻塞物，使病人鼻孔朝天、头后仰，贴嘴吹气，放开嘴鼻换气；如此反复进行，每分钟吹气 12 次，即每 5s 吹气一次。

（2）体外心脏按压法——病人仰卧硬板上，抢救者中指（手掌）对病人凹膛，掌根用力向下压，慢慢向下，突然放开；连续操作，每分钟进行 60 次，即每秒一次。

（3）有时病人心跳、呼吸都停止，而急救只有一人时，必须同时进行人工呼吸和体外心脏按压，此时，可先吹两次气，立即进行按压 15 次，然后再吹两次气，再按压，反复交替进行。

9.2.2 创伤救护知识

创伤分为开放性创伤和闭合性创伤。开放性创伤是指皮肤或黏膜的破损，如擦伤、切割伤、撕裂伤、刺伤、撕脱和烧伤等；闭合性创伤是指人体内部组织的损伤，而没有皮肤黏膜的破损，如挫伤、挤压伤等。

1. 开放性创伤的处理

对于出血不止的伤口，应当及时有效地止血。外出血处理方法一般应遵照以下程序实施：判断环境安全，检查生命体征，置伤病者于舒适体位，检查伤口，立即止血，包扎伤口，简单固定骨折，预防和处理休克，速送医院。

（1）清洗消毒——可用生理盐水和酒精棉球，将伤口和周围皮肤上沾染的泥沙、污物等清理干净，并用干净的纱布吸收水分及渗血，再用酒精等药物进行初步消毒。在没有消毒条件的情况下，可用清洁水冲洗伤口，最好用流动的自来水冲洗，然后用敷料，如清洁、柔软及吸水力强的物品（替代敷料如洁净的被单、手帕、毛巾或三角巾等）吸干伤口。

（2）止血——在一般情况下，在伤口施加压力，例如使用绷带及敷料包扎并将受伤部位抬高，都可以止血。

（3）包扎——创伤处用消毒的敷料或清洁的医用纱布覆盖，再用绷带或布条包扎，既可以保护创口、预防感染，又可减少出血、帮助止血。

三角巾包扎：可用于前臂悬吊，固定敷料、固定骨折处及起软垫作用。前臂悬吊方式如图 9-6 所示，头部包扎方式如图 9-7 所示。

图 9-6 前臂悬吊方式

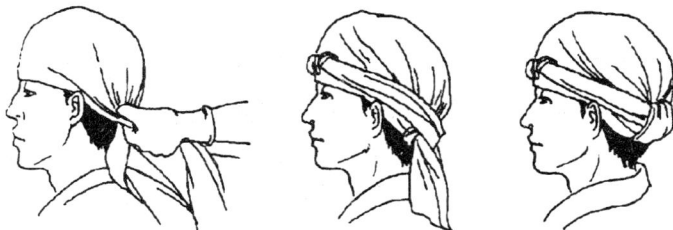

图 9-7 头部包扎方式

绷带包扎：绷带可由各种不同的材料制成，其宽度、长度视其所用的部位而定。

在倒塌、坍塌过程中，一般受伤人员均表现为肢体受压。在解除肢体压迫后，应马上用弹性绷带绑绕伤肢，以免发生组织肿胀。这种情况下的伤肢，不应该抬高、局部按摩、施行热敷和继续活动。

（4）固定——在肢体骨折时，可借助绷带包扎夹板来固定受伤部位上下两个关节，减少损伤，减轻疼痛，预防休克。手腕骨骨折的处理如图 9-8 所示，股盆骨折的处理如图 9-9 所示，膝关节骨折的处理如图 9-10 所示，小腿骨骨折的处理如图 9-11 所示。

图 9-8　手腕骨骨折的处理

图 9-9　股盆骨折的处理

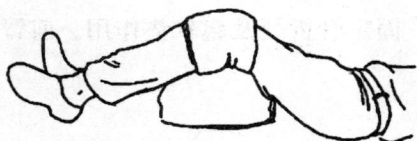

图 9-10　膝关节骨折的处理

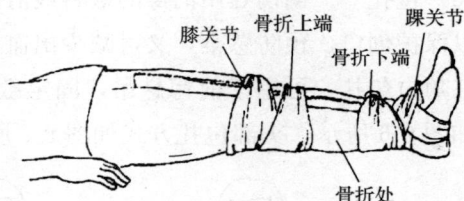

图 9-11　小腿骨骨折的处理

在对骨折伤病者处理时，应遵守以下基本原则：首先对出血进行及时处理，再将伤病者放在适当位置就地施救；检查伤肢远端血液循环、皮肤感觉及活动能力；伤病者仰卧时，应从躯体下的天然空隙处（颈、腰、膝、足踝）将三角巾穿过；包扎下肢时，除足踝外，其余均用宽带；切勿随便移动骨折处，除非现场环境对伤病者或救护员有生命威胁。

（5）搬运——经现场止血、包扎、固定后的伤员，应尽快正确地搬运转送至医院抢救。

搬运时，要注意方法的正确性；否则，可导致继发性的创伤，加重病痛，甚至威胁生命。搬运法可分为徒手搬运和使用器材搬运两大类。

徒手搬运用于紧急抢救时或只运送短距离路程的伤病者，但必须注意徒手搬运法不可应用于怀疑系脊椎受伤或下肢骨折的伤病者。

单人、双人徒手搬运法——轻伤者可挟着走，重伤者可让其伏在急救者背上，双手绕颈交叉下垂，急救者用双手自伤员大腿下抱住伤员大腿。也可采用拖行（图9-12）、爬行（图9-13）、坐抬（图9-14）等方法搬运伤员。

(a)   (b)

图 9-12　拖行法搬运伤员

(a) 拖衣法；(b) 拖毯法

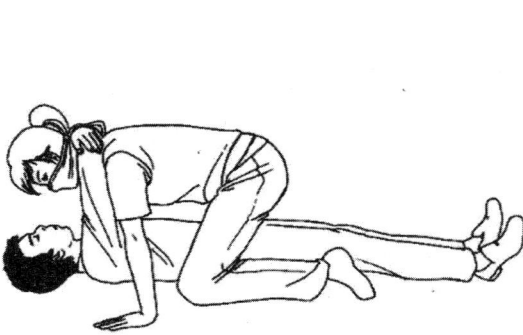

图 9-13　爬行法搬运伤员

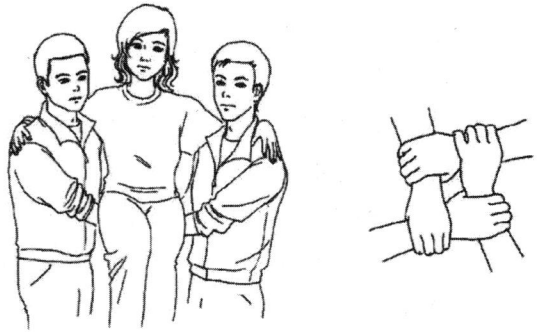

图 9-14　坐抬法搬运伤员

　　用担架搬运时，要使伤员头部向后，以便后面抬担架的人可随时观察其变化。自制简易担架形式如图 9-15 所示。

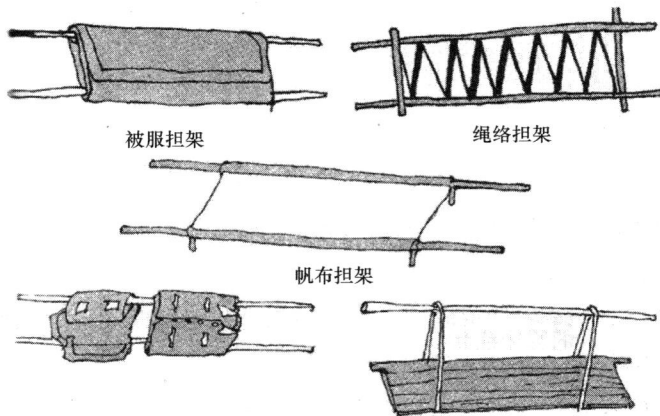

被服担架　　　　　　　　绳络担架

帆布担架

图 9-15　自制简易担架

　　搬运伤员要掌握以下要点：

1）肢体受伤有骨折时，宜在止血包扎固定后再搬运，防止骨折断端因搬运振动而移位。

2）处于休克状态的伤员要使其保暖、平卧，并将下肢抬高约 20°，及时止血、包扎、固定伤肢，然后尽快送医院进行抢救治疗。

3）在搬运严重创伤伴有大出血或已休克的伤员时，要平卧运送伤员，头部可放置冰袋或戴冰帽，路途中要尽量避免振荡；运送过程中如突然出现呼吸、心搏骤停时，应立即进行人工呼吸和体外心脏按压法等急救措施。

4）在搬运高处坠落或摔伤等伤员时，要仔细检查其头部、颈部、胸部、腹部、四肢、背部和脊椎，看看是否有肿胀、青紫、局部压疼、骨摩擦声等其他内部损伤，假如出现上述情况，不能对患者随意搬动，需按照正确的搬运方法进行搬运，一定要使伤员平卧在硬板上搬运。

切忌只抬伤员的两肩与两腿或单肩背运伤员，因为这样会使伤员的躯干过分屈曲或过分伸展，致使已受伤的脊椎移位甚至断裂，将造成截瘫，导致死亡或造成患者神经、血管损伤并加重病情。

2. 闭合性创伤（内出血）的处理方法

（1）按照环境评估、伤情评判、打开气道、人工呼吸、人工循环的顺序进行处理。

（2）预防或处理休克。

（3）密切观察记录呼吸、脉搏以作比较。

（4）保留排泄物或呕吐物送医院检验。

（5）消化道出血及需要手术处理的伤病人禁饮食。

（6）速送医院。

（7）切勿在无人照料下离开伤病者。

9.2.3 火灾逃生知识

（1）当发生火灾时，应奋力将小火控制、扑灭；千万不要惊慌失措，置小火于不顾而酿成大灾。

（2）如果发现火势无法控制，应保持镇静，判断危险地点和安全地点，决定逃生的办法和路线，尽快撤离险地。

（3）如果身处在建工程内，应立即选择距离近而且直通楼外地面的楼梯或上人马道向下跑，以逃到着火建筑物之外地面最为安全。

（4）经过充满烟雾的路线，要防止烟雾中毒、窒息，应采用低姿势行走或贴近地面俯卧爬行，有条件时可用湿毛巾、衣物等捂住嘴鼻，以便顺利撤出烟雾区。

（5）若下行楼梯受阻，疏散通道被大火阻断，确认无法逃生至地面时，则应就近寻找临时避难场所，等待消防队救护。可撤退至楼顶施工层的上风处，求得暂时性的自我保护；也可通过窗口或者阳台等待向外逃生。

（6）当身上衣服着火时，不可奔跑或用手拍打，因奔跑或拍打会形成风势，促旺火势。应设法脱掉衣服或就地打滚，压灭火苗；能及时跳进水中或让人向身上浇水、喷灭火剂则更有效。

9.2.4 中暑防治知识

中暑是由于伤病者在非常酷热环境下，体温调节功能发生障碍，无法散发体内的热量而导致严重体温升高以及由此导致的一系列临床表现。

1. 中暑的医学特征

伤病者症状体征有皮肤潮红、干燥、无汗；体温上升，可达 40℃ 或以上；脉搏快而强，严重的可能神志不清。

2. 中暑的处理方法

在施工现场发现有中暑的伤员，必须快速处理。

（1）迅速将伤病者转移到阴凉通风处。

（2）打开气道，必要时应当进行人工呼吸。

（3）尽快为伤病者降温，除去衣物，脱掉鞋子，让其平卧，用湿冷毛巾连续擦身，在伤病者两侧腋下及腹股沟放置湿冷布，用电扇、扇子或空调降温。

（4）密切注意呼吸、脉搏。

（5）及时处理呼吸、循环衰竭。

（6）速送医院。

3. 中暑的预防

（1）避免长时间在酷热及潮湿的环境下工作。

（2）穿着较浅色和宽松的衣物。

（3）做好防晒措施和多饮水，适当补充盐分。

（4）合理安排作息时间和露天作业。

（5）保证作业环境的通风。

（6）采取措施降低热辐射，疏散、隔离热源，减少与热源接触。

9.2.5 急性中毒救护知识

任何有毒物质包括固体、液体、气体接触或进入人体后，引起暂时或永久性损害，都称为中毒。中毒途径有口服、吸入、皮肤吸收和注射等。施工现场发生的中毒主要有食物中毒、燃气中毒及毒气中毒。

1. 中毒急救原则

（1）确保救护者自身安全。

（2）昏迷伤病者置于复苏体位，按照环境评估、伤情评判、打开气道、人工呼吸、人工循环的顺序实施救护。

（3）减少毒素吸收，搬离污染现场，脱去污染衣物，用大量清水冲洗被污染皮肤，勿让伤病者进食。

（4）申请急救医疗服务时，提供患者年龄及性别、毒品名称及剂量、中毒时间、曾否呕吐、清醒程度等情况。

（5）搜集现场遗留的毒物、药袋及患者呕吐物，一同送医院。

2. 施工现场中毒救护

（1）食物中毒的救护——发现饭后多人有呕吐、腹泻等不正常症状时，尽量让病人大量饮水，刺激喉部使其呕吐；及时报告工地负责人和当地卫生防疫部门，并保留剩余食品以备检验；立即拨打急救电话120或将中毒者送往就近医院。

（2）燃气中毒的救护——发现有人煤气中毒时，要迅速打开门窗，使空气流通；将中毒者转移到室外实行现场急救；及时报告工地负责人；立即拨打急救电话120或将中毒者送往就近医院。

（3）毒气中毒的救护——在井（地）下施工中有人发生毒气中毒时，必须先向出事地点送风；救助人员装备齐全安全保护用具，才能下去救人；立即报告工地负责人及有关部门，现场不具备抢救条件时，应及时拨打110或120电话求救。

井（地）上人员绝对不要盲目下去救助。

9.2.6 传染病应急救援措施

由于施工现场的施工人员较多，如若控制不当，容易造成集体感染传染病。因此，需要采取正确的措施加以处理，防止大面积人员感染传染病。

（1）如发现员工有集体发烧、咳嗽等不良症状，应立即报告现场负责人和有关部门，对患者进行隔离，同时启动应急救援方案。

（2）立即把患者送往医院进行诊治，陪同人员必须做好防护隔离措施。

（3）对可能出现病因的场所进行隔离、消毒，严格控制疾病的再次传播。

（4）加强现场员工的教育和管理，落实各级责任制，严格履行员工进出现场登记手续，做好病情的监测工作。

10 建筑施工安全事故

导致建筑施工安全事故的原因十分复杂，对其正确认识非常重要。做好事故的报告和救援，对降低事故伤害程度、防止次生事故发生意义重大。事故教训，是用鲜血和生命写成的，必须认真汲取；事故的调查处理是一个极其严肃的问题，必须认真对待，查明原因、追究责任、举一反三、落实措施，进而避免事故的重复发生。

10.1 事故及其分类

生产经营活动中发生的造成人身伤亡或者直接经济损失的意外事件，称为生产安全事故。其中，发生的人身伤害、急性中毒事故，称为伤亡事故。

10.1.1 生产安全事故分类

1. 按伤害程度分类

依据《企业职工伤亡事故分类》GB 6441—1986 的规定，根据事故给受伤害者带来的伤害程度及其劳动能力丧失的程度可将事故分为轻伤、重伤和死亡 3 种类型。

（1）轻伤事故——指损失工作日低于 105 日的失能伤害的事故。

（2）重伤事故——指造成职工肢体残缺或视觉、听觉等器官受到严重损伤，一般能导致人体功能障碍长期存在的，或损失工作日等于和超过 105 日（小于 6000 日），劳动力有重大损失的失能伤害事故。

（3）死亡事故——指事故发生后当即死亡（含急性中毒死亡）或负伤后在 30 天内死亡的事故。死亡的损失工作日为 6000 日。

2. 按事故类别分类

依据《企业职工伤亡事故分类》GB 6411—1986，按事故类别即按致害原因进行的分类如下：

（1）物体打击——指失控物体的惯性力造成的人身伤害事故。

（2）车辆伤害——指本企业机动车辆引起的机械伤害事故。

（3）机械伤害——指机械设备或工具引起的绞、碾、碰、割、戳、切等伤害，但不包括车辆、起重设备引起的伤害。

（4）起重伤害——指从事各种起重作业时发生的机械伤害事故，但不包括上下驾驶室时发生的坠落伤害和起重设备引起的触电以及检修时制动失灵引起的伤害。

（5）触电——由于电流流经人体导致的生理伤害。

（6）淹溺——由于水大量经口、鼻进入肺内，导致呼吸道阻塞，发生急性缺氧而窒息死亡的事故。它适用于船舶、排筏、设施在航行、停泊、作业时发生的落水事故。

（7）灼烫——指强酸、强碱溅到身体上引起的灼伤，或因火焰引起的烧伤，高温物体引起的烫伤，放射线引起的皮肤损伤等事故；不包括电烧伤及火灾事故引起的烧伤。

（8）火灾——指造成人身伤亡的企业火灾事故。不适用于非企业原因造成的、属消防部门统计的火灾事故。

（9）高处坠落——指由于危险重力势能差引起的伤害事故。适用于脚手架、平台、陡壁施工等场合发生的坠落事故，也适用于由地面踏空失足坠入洞、沟、升降口、漏斗等引起的伤害事故。

（10）坍塌——指建筑物、构筑物、堆置物等倒塌以及土石塌方引起的事故。不适用于矿山冒顶片帮事故及因爆炸、爆破引起的坍塌事故。

（11）冒顶片帮——指矿井二作面、巷道侧壁由于支护不当、压力过大造成的坍塌（片帮）以及顶板垮落（冒顶）事故。适用于从事矿山、地下开采及其他坑道作业时发生的坍塌事故。

（12）透水——指从事矿山、地下开采或其他坑道作业时，意外水源带来的伤亡事故。不适用于地面水害事故。

（13）放炮——指由于放炮作业引起的伤亡事故。

（14）瓦斯爆炸——指可燃性气体瓦斯、煤尘与空气混合形成的达到燃烧极限的混合物接触火源时引起的化学性爆炸事故。

（15）火药爆炸——指火药与炸药在生产、运输、贮藏过程中发生的爆炸事故。

（16）锅炉爆炸——指锅炉发生的物理性爆炸事故。适用于使用工作压力大于0.07MPa、以水为介质的蒸汽锅炉，但不适用于铁路机车、船舶上的锅炉以及列车电站和船舶电站的锅炉。

（17）受压容器爆炸——指压力容器破裂引起的气体爆炸（物理性爆炸）以及容器内盛装的可燃性液化气在容器破裂后立即蒸发，与周围的空气混合形成爆炸性气体混合物遇到火源时产生的化学爆炸。

（18）其他爆炸——可燃性气体如煤气、乙炔等与空气混合形成的爆炸；可燃蒸汽与空气混合形成的爆炸性气体混合物引起的爆炸；可燃性粉尘以及可燃性纤维与空气混合形成的爆炸性气体混合物引起的爆炸；间接形成的可燃气体与空气相混合，或者可燃蒸汽与空气相混合遇火源而爆炸的事故；炉膛、钢水包、亚麻粉尘的爆炸等亦属其他爆炸。

（19）中毒和窒息——指人接触有毒物质或呼吸有毒气体引起的人体急性中毒事

故，或在通风不良的作业场所，由于缺氧有时会发生突然晕倒甚至窒息死亡的事故。

（20）其他伤害——指上述范围之外的伤害事故，如扭伤、跌伤、冻伤、野兽咬伤等。

10.1.2 生产安全事故分级

根据《生产安全事故报告和调查处理条例》及住房和城乡建设部印发的《关于进一步规范房屋建筑和市政工程生产安全事故报告和调查处理工作的若干意见》，按照生产安全事故造成的人员伤亡或者直接经济损失情况，建筑施工安全事故分为特别重大事故、重大事故、较大事故和一般事故4个等级：

（1）特别重大事故——是指造成30人以上死亡，或者100人以上重伤（包括急性工业中毒，下同），或者1亿元以上直接经济损失的事故。

（2）重大事故——是指造成10人以上30人以下死亡，或者50人以上100人以下重伤，或者5000万元以上1亿元以下直接经济损失的事故。

（3）较大事故——是指造成3人以上10人以下死亡，或者10人以上50人以下重伤，或者1000万元以上5000万元以下直接经济损失的事故。

（4）一般事故——是指造成3人以下死亡，或者10人以下重伤，或者1000万元以下直接经济损失的事故。

10.1.3 建筑业多发事故类别

通过对近年来我国建筑业的事故统计分析，事故主要集中在高处坠落、物体打击、触电、机械伤害和坍塌5个类别。其发生的部位和原因主要有：

（1）高处坠落——主要发生在以下作业地点：屋面、阳台、楼板等临边；预留洞口、电梯井口等洞口；脚手架、模板；塔机、物料提升机等起重机械的安装、拆卸作业。

（2）物体打击——主要发生在同一垂直作业面的交叉作业中。

（3）触电——事故发生的原因主要包括以下方面：对外电线路缺乏保护；未执行三级配电两级保护，未安装漏电保护器或失灵，未按规定进行接地或接零；机械、设备漏电；线缆破皮、老化；照明未使用安全电压等。

（4）机械伤害——主要发生在起重机械和钢筋加工、混凝土搅拌、木材加工等机械设备作业过程中。

（5）坍塌——主要是指施工基坑（槽）、边坡、基础桩壁坍塌，模板支撑系统失稳坍塌及施工现场临时建筑（包括施工围墙）、在建工程、物料坍塌等。坍塌事故一旦发生，极易造成群死群伤。

10.2　事故报告

10.2.1　事故报告时限

1. 施工单位报告的时限

事故发生后,事故现场有关人员应当立即向施工单位负责人报告;施工单位负责人接到报告后,应当于 1h 内向事故发生地县级以上人民政府建设主管部门和有关部门报告。

情况紧急时,事故现场有关人员可以直接向事故发生地县级以上人民政府建设主管部门和有关部门报告。

实行施工总承包的建设工程,由总承包单位负责上报事故。

2. 建设主管部门报告的时限

建设主管部门接到事故报告后,应当依照下列规定上报事故情况,并通知安全生产监督管理部门、公安机关、劳动保障行政主管部门、工会和人民检察院:

(1) 较大事故、重大事故及特别重大事故逐级上报至国务院建设主管部门。

(2) 一般事故逐级上报至省、自治区、直辖市人民政府建设主管部门。

(3) 建设主管部门依照本条规定上报事故情况,应当同时报告本级人民政府。国务院建设主管部门接到重大事故和特别重大事故的报告后,应当立即报告国务院。

必要时,建设主管部门可以越级上报事故情况。

建设主管部门按照本规定逐级上报事故情况时,每级上报的时间不得超过 2 小时。

10.2.2　事故报告内容

建筑施工事故报告一般应当包括下列内容:

(1) 事故发生的时间、地点和工程项目、有关单位名称。

(2) 事故的简要经过。

(3) 事故已经造成或者可能造成的伤亡人数(包括下落不明的人数)和初步估计的直接经济损失。

(4) 事故的初步原因。

(5) 事故发生后采取的措施及事故控制情况。

(6) 事故报告单位或报告人员。

(7) 其他应当报告的情况。

事故报告应当及时、准确、完整,任何单位和个人对事故不得迟报、漏报、谎报或者瞒报。事故报告后出现新情况,以及事故发生之日起 30 日内伤亡人数发生变化的，应当及时补报。

10.2.3   事故现场应急处理

事故发生单位负责人接到事故报告后，应当立即启动事故相应应急预案，或者采取有效措施，组织抢救，防止事故扩大，减少人员伤亡和财产损失。同时，还应当妥善保护事故现场以及相关证据，任何单位和个人不得破坏事故现场、毁灭相关证据。因抢救人员、防止事故扩大以及疏通交通等原因，需要移动事故现场物件的，应当做出标志，绘制现场简图并做出书面记录，妥善保存现场重要痕迹、物证，有条件的可以拍照或录像。

10.3   事故调查处理

事故调查处理应当坚持实事求是、尊重科学的原则，及时、准确地查清事故经过、事故原因和事故损失，查明事故性质，认定事故责任，总结事故教训，提出整改措施，并对事故责任者依法追究责任。

10.3.1   事故调查

当前，生产安全事故由人民政府负责组织调查。按照有关人民政府的授权或委托，建设主管部门组织事故调查组对建筑施工生产安全事故进行调查。特别重大事故由国务院或者国务院授权有关部门组织事故调查组进行调查。重大事故、较大事故、一般事故分别由事故发生地省级、设区的市级人民政府、县级人民政府负责调查。

根据事故的具体情况，事故调查组由有关人民政府、安全生产监督管理部门、负有安全生产监督管理职责的有关部门、监察机关、公安机关以及工会派人组成，并应当邀请人民检察院派人参加。事故调查组负责核实事故项目基本情况、查明事故原因、认定事故性质、明确事故责任单位和责任人员、提出处理建议、提交事故调查报告。

10.3.2   事故原因分析

事故分析的目的主要是为了弄清事故情况，从思想、管理和技术等方面查明事故原因，分清事故责任，提出有效改进措施，从中吸取教训，防止类似事故重复发生。对一起事故的原因详细分析，通常有两个层次，即直接原因和间接原因。

1. 事故的直接原因

根据《企业职工伤亡事故调查分析规则》，事故的直接原因是指机械、物质或环境的不安全状态和人的不安全行为。

机械、物质或环境的不安全状态具体包括防护、保险、信号等装置缺乏或有缺陷，设备、设施、工具、附件有缺陷，个人防护用品用具缺乏或有缺陷，生产（施工）场地环境不良 4 个方面。人的不安全行为主要包括以下方面：

（1）操作错误，忽视安全，忽视警告。

（2）造成安全装置失效。

（3）使用不安全设备。

（4）手代替工具操作。

（5）物体（指成品、半成品、材料、工具、切屑和生产用品等）存放不当。

（6）冒险进入危险场所。

（7）攀、坐不安全位置（如平台护栏、汽车挡板、吊车吊钩）。

（8）在起吊物下作业、停留。

（9）机器运转时从事加油、修理、检查、调整、焊接、清扫等工作。

（10）有分散注意力行为。

（11）在必须使用个人防护用品用具的作业或场合中，忽视其使用。

（12）不安全装束。

（13）对易燃、易爆等危险物品处理错误等。

2. 事故的间接原因

（1）技术和设计上有缺陷。工业构件、建筑物、机械设备、仪器仪表、工艺过程、操作方法、维修检验等的设计，以及施工和材料的使用存在问题。

（2）未经培训或教育培训不够，缺乏或不懂安全操作技术知识。

（3）劳动组织不合理。

（4）对现场工作缺乏检查或指导错误。

（5）没有安全操作规程或不健全。

（6）没有或不认真实施事故防范措施，对事故隐患整改不力等。

10.3.3 事故处理

负责事故调查的人民政府按照规定的时限对事故调查报告做出批复；有关机关应当按照人民政府的批复，依照法律、行政法规规定的权限和程序，对事故发生单位和有关人员进行行政处罚，对负有事故责任的国家工作人员进行处分。对负有事故责任人员涉嫌犯罪的，依法追究刑事责任。

10.4 事故报告调查处理法律责任

依照《生产安全事故报告和调查处理条例》的规定，在事故报告和调查处理中，事故发生单位有关人员有下列行为之一的，对主要负责人、直接负责的主管人员和其他直接责任人员处上一年年收入 60％至 100％的罚款；构成违反治安管理行为的，由公安机关依法给予治安管理处罚；构成犯罪的，依法追究刑事责任：

（1）谎报或者瞒报事故的。

（2）伪造或者故意破坏事故现场的。

（3）转移、隐匿资金、财产，或者销毁有关证据、资料的。

（4）拒绝接受调查或者拒绝提供有关情况和资料的。

（5）在事故调查中作伪证或者指使他人作伪证的。

（6）事故发生后逃匿的。

11 力学基础知识

11.1 力的概念

力是一个物体对另一个物体的作用，它涉及两个物体，一个叫受力物体，另一个叫施力物体，其效果是使物体的运动状态发生变化或使物体变形。力使物体运动状态发生变化的效应称为力的外效应，使物体产生变形的效应称为力的内效应。力的概念是人们在长期的生活和生产实践中逐步形成的。例如，用手推小车，由于手臂肌肉的紧张而感觉到用了"力"，小车也受了"力"由静止开始运动；物体受地球引力作用而自由下落时，速度将愈来愈大；用汽锤锻打工件，工件受锻打冲击力作用发生变形等。人们就是从这样大量的实践中，由感性认识上升到理性认识，形成了力的科学概念，即：力是物体间的相互机械作用，这种作用可使物体的运动状态发生变化，也可使物体发生变形，因此力不能脱离实际物体而存在。

11.2 力的三要素

力作用在物体上，使物体产生预想的效果，这种效果不但与力的大小有关，而且与力的方向和作用点有关。在力学中，把力的大小、方向和作用点称为力的三要素。如图 11-1 所示，用手拉伸弹簧，用的力越大，弹簧拉得越长，这表明力产生的效果与力的大小有关系；用同样大小的力拉弹簧和压弹簧，拉的时候弹簧伸长、压的时候弹簧缩短，说明力的作用效果与力的作用方向有关系。如图 11-2 所示，用扳手拧螺母，手握在 A 点比握在 B 点省力，所以力的作用效果与力的方向和作用点有关。三要素中任何一个要素改变，都会使力的作用效果改变。力的大小表明物体间作用力的强弱程度；力的方向表明在该力的作用下静止的物体开始运动的方向，作用力的方向不同，物体运动的方向也不同；力的作用点是物体上直接受力作用的点。力是矢量，具有大小和方向。

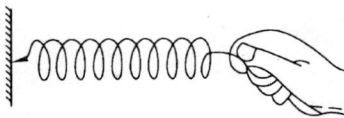

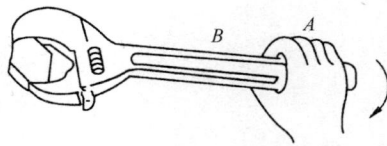

图 11-1 手拉弹簧　　　　　　　　图 11-2 扳手拧螺母

11.3 力的单位

在国际计量单位制中，力的单位用牛顿或千牛顿，简写为牛（N）或千牛（kN）。工程上曾习惯采用公斤力（kgf）、千克力（kgf）和吨力（tf）来表示。它们之间的换算关系为：

1 牛顿（N）＝0.102 公斤力（kgf）

1 吨力（tf）＝1000 公斤力（kgf）

1 千克力（kgf）＝1 公斤力（kgf）＝9.804 牛（N）≈10 牛（N）

11.4 力的性质

经过长期的实践，人们逐渐认识了关于力的许多规律，其中最基本的规律可归纳为以下几个方面：

11.4.1 二力平衡原理

要使物体在两个力的作用下保持平衡的条件是：这两个力大小相等，方向相反，且作用在同一直线上。用矢量等式表示，即：$P_1 = -P_2$。

11.4.2 可传性

通过作用点，沿着力的方向引出的直线，称为力的作用线。在力的大小、方向不变的条件下，力的作用点的位置可以在它的作用线上移动而不会影响力的作用效果，这就是力的可传递性。

11.4.3 作用力与反作用力

力是物体间的相互作用，因此它们必是成对出现的。一物体以一力作用于另一物体上时，另一物体必以一个大小相等、方向相反且在同一直线上的力作用在此物体上。如手拉弹簧，当手给弹簧一个力为 T，则弹簧给手的反作用力为 $-T$。T 和 $-T$ 大小相等，方向相反，且作用在同一直线上。作用力与反作用力分别作用在两个物体上，不能看成是两个平衡力而相互抵消。

11.5 力的合成与分解

11.5.1 矢量和标量

（1）在物理学中物理量有两种：一种是矢量（既有大小，又有方向的物理量），如力、位移、加速度等；另一种是标量（只有大小，没有方向的物理量），如体积、路程、功、能等。

（2）矢量和标量的根本区别在于它们遵从不同的运算法则：矢量用平行四边形法则或三角形法则；标量用代数法。

（3）一直线上的矢量合成，可先规定正方向，与正方向相同的矢量方向均为正，与之相反则为负，然后进行加减。

11.5.2　力的合成

（1）一个力如果产生的效果与几个力共同作用所产生的效果相同，这个力就叫做那几个力的合力，而那几个力就叫做这个力的分力，求几个力的合力叫力的合成。

（2）力的合成遵循平行四边形法则，如图 11-3 所示，如求两个互成角度的共点力 F_1、F_2 的合力，可以把表示 F_1、F_2 的有向线段作为邻边，作一平行四边形，它的对角线即表示合力的大小和方向。

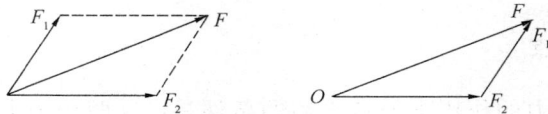

图 11-3　力的合成

（3）共点的两个力 F_1、F_2 的合力 F 的大小，与两者的夹角有关，两个分力同向时合力最大，反向时合力最小，即合力大小的取值范围为 $|F_1-F_2| \leqslant F \leqslant |F_1+F_2|$。

（4）合力可以大于等于两力中的任一个力，也可以小于任一个力。当两力大小一定时，合力随两力夹角的增大而减小，随两力夹角的减小而增大。

11.5.3　力的分解

（1）由一个已知力求解它的分力叫力的分解。

（2）力的分解是力的合成的逆过程，也同样遵循平行四边形法则。

（3）由平行四边形法则可知，力的合成是唯一的，而力的分解则可能多解。但在处理实际问题时，力的分解必须依据力的作用效果，答案同样是唯一的。

（4）把力沿着相互垂直的两个方向分解叫正交分解。如果物体受到多个力的共同作用，一般常用正交分解法，将各个力都分解到相互垂直的两个方向上，然后分别沿两个方向上求解。

11.6　力矩

人用扳手转动螺母，会感到加在扳手上的力越大，或者力的作用线离中心越远，就越容易，如图 11-4 所示。力使扳手绕 O 点转动的效应，不仅与力（F）的大小成正比，而且与 O 点至力作用线的垂直距离（d）成正比。F 与 d 的乘积，称为力对 O 点的矩，简称力矩。

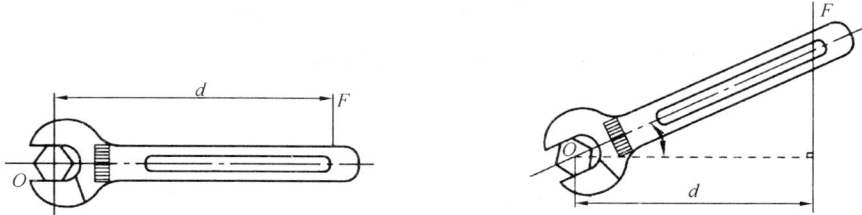

图 11-4　力矩

11.6.1　合力矩

合力对于物体的作用效果等于力系中各分力对物体的作用效果的总和。力对物体的作用效果，取决于力矩。所以，合力对于平面内任意一点的力矩，等于各分力对同一点的力矩之和。这个关系称为合力矩定理，数学表达式为：

$$m_O(F) = m_O(F_1) + m_O(F_2) + \cdots + m_O(F_n) = \sum_{i=1}^{n} m_O(F_i) \qquad (11-1)$$

式中　　　　　　　　　$m_O(F)$——合力力矩，t·m；

$m_O(F_1)$，$m_O(F_2)$，$\cdots$，$m_O(F_n)$——各分力 F_1，F_2，$\cdots F_n$ 的力矩，t·m。

11.6.2　力矩平衡

在日常生活中，常遇到力矩平衡的情况。如图 11-5 所示，以杆秤为例，不计杆秤自重，重物对转动中心 O 点的力矩大小为 Pa，秤砣对转动中心 O 点的力矩大小为 Q_b。为使杆秤处于平衡状态，力 P 对 O 点的矩与力 Q 对 O 点的矩必定大小相等，转向相反，即 $Q_b + Pa$

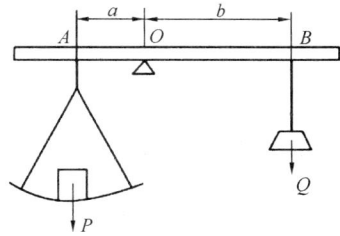

图 11-5　力矩平衡

$= 0$，各力对转动中心 O 点的矩的代数和等于零，即合力矩等于零，用公式表示：

$$m_O(F_1) + m_O(F_2) + \cdots + m_O(F_n) = \Sigma m_O(F_i) = 0 \qquad (11-2)$$

11.7　物体的变形

11.7.1　物体的变形

物体（构件或材料）在受到外力作用后就要发生变形，但是，外力可以用各种不同的方式作用在物体上，因此，物体由于外力所引起的变形形式也就不同。变形的基本形式可以分为以下几个类型。

1. 拉伸

当物体的两端受到大小相等、方向相反且背向物体、作用线在轴线上的外力作用时，物体变形伸长，这就是拉伸变形。如图 11-1 所示的弹簧，在拉力的作用下，弹簧被拉长了，这种变形就叫做拉伸。在生产中拉伸的例子很多，如起重机的吊绳、缆风绳等在起重作业中都受到拉伸作用。

2. 压缩

当物体两端受到大小相等、方向相反且指向物体、作用线在轴线上的外力作用时，物体就缩短，这种变形即为压缩变形。如图 11-6 所示，在弹簧的两端用力撅压，弹簧就比原来的长度缩短了，这就是压缩，所受的力叫做压力。如锻压机锻造零件时锻压机砧座所受到的力是压力，千斤顶提升物件时螺杆所受到的力也是压力，起重桅杆在吊起重物时桅杆本身受到压缩。在压力作用下所产生的应力叫做压应力。

3. 剪切

物体受大小相等、方向相反、作用线距离较近的两外力作用时，物体上的两力之间的局部出现错位，这种变形叫剪切变形，所受的力就是剪切力。将许多本书整齐地叠在一起，然后用双手将中间相邻两本书向相反方向推，此时这堆书就成为图 11-7 (a) 的样子，这就是剪切；又如图 11-7 (b)，两块钢板用铆钉铆接在一起，然后用大小相等、方向相反的力拉（或压）钢板，此时铆钉受剪切后成为图 11-7 (c) 的形状，铆钉所受的力就是剪切力。剪切力的特点是两力大小相等，两力间的距离很近，而且是垂直作用在物体的中心线上。在剪切力作用下所产生的应力叫剪切应力。

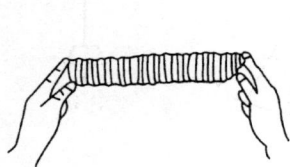

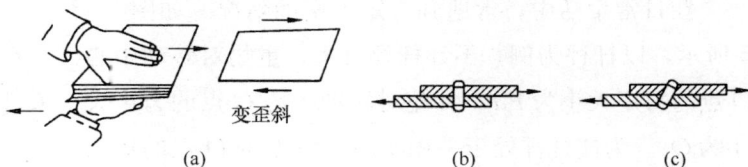

变歪斜

(a)　　　　　　(b)　　　　　　(c)

图 11-6　压缩　　　　　　　　　　　图 11-7　剪切

4. 弯曲

当物体受到与其轴线垂直的外力作用时，物体由直线变成曲线，这种变形叫弯曲变形。取一根木棒，两端放在支座上，然后在中间放重物，如图 11-8 所示。此时可以看到木棒向下弯曲，这种类型的变形叫做弯曲，所受的力叫做弯曲力，在弯曲力作用下产生的应力就叫做弯曲应力。工厂中的单梁（或桥式）起重机大梁的变形就是属于这种类型。

5. 扭转

当物体的两端受到大小相等、方向相反、作用面垂直于物体轴线的一对力偶作用时，物体任意两截面出现绕轴线的相对转动，这就是扭转变形，如图 11-9 所示，这种变形形式叫做扭转，所受的力叫做扭转力，在扭转力作用下产生的应力叫做扭转应力。如电动机的输出轴、变速箱的输出轴等都是受着扭转变形。

图 11-8　弯曲　　　　　　　图 11-9　扭转

上面所说的拉伸、压缩、剪切、弯曲、扭转等五种变形为基本变形。有时设备与构件在受到外力作用下产生的变形比较复杂，但均由以上五种基本变形所组成。

11.7.2　物体的稳定性

1. 物体的稳定条件

将一块砖以立、侧、平三种方式置于地面上。平放的砖位置最稳，因为砖平放时重心位置最低而支承面最大；侧放的次之；立放的最不稳定，因为立放时重心位置最高而支承面最小。因此，物体处于稳定的基本条件是：重心位置低，支承面大。

由此可知，物体的重心越低，支承面越大，物体所处状态越稳定；物体的重心位置越高，支承面越小，物体所处状态越不稳定。

对于起重作业来说，保证物体的稳定条件可以从两个方面考虑。一是放置物体时应保证有可靠的稳定性，不倾倒，如图 11-10（a）所示。二是吊运过程中，亦应有可靠的稳定性，保证正常吊运中不倾斜或翻转，如图 11-10（b）所示。放置物体时，物体的重心作用线接近或超过物体支承面边缘（倾翻临界线）时，物体是不稳定的；吊运物体时，为保证吊运过程中物体的稳定性，防止提升过程中发生倾斜、摆动或翻转，应使吊钩与被吊物重心处在同一条垂线上。

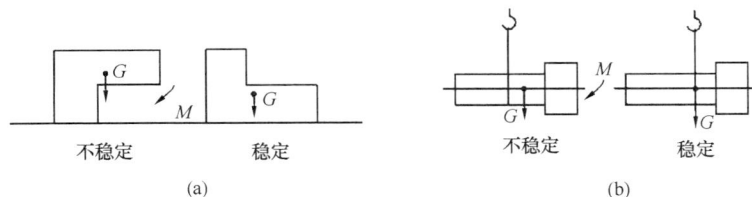

图 11-10　物体的稳定性

（a）放置物体的稳定性；（b）吊运物体的稳定性

2. 物体的几种运动状态

一般物体的运动有四种基本状态，即稳定、稳定平衡、不稳定和倾覆，如图 11-11 所示。

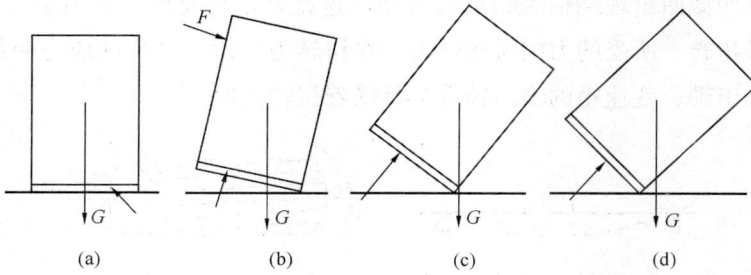

图 11-11 物体的几种运动状态

(a) 稳定；(b) 稳定平衡；(c) 不稳定；(d) 倾覆

(1) 稳定状态：重力 G 与支反力 R 大小相等，方向相反，作用线相同，通过物体支承的中点，如图 11-11 (a) 所示。

(2) 稳定平衡状态：在外力 F 作用下，物体位置发生变化，支反力 R 发生位移，F 力产生的倾翻力矩与重力 G 产生的抗倾翻力矩相平衡，如图 11-11 (b) 所示。

(3) 不稳定状态：此时重力作用线和支反力作用线通过支承面最边缘点，且大小相等、方向相反（这是理论上的平衡状态）。在实际中这种状态不可能长时间存在，只要略有振动，物体就会向左或向右倾倒，故又称为临界状态，如图 11-11 (c) 所示。

(4) 倾覆状态：如果物体继续向右倾斜，此时物体重力 G 的作用线已超出物体支承面之外，将产生一个由小到大的倾翻力矩 M，物体失去平衡，处在倾覆状态，如图 11-11 (d)所示。

12 机械基础知识

12.1 机械的概念

12.1.1 机器

1. 定义

机器就是构件的组合，它的各部分之间具有确定的相对运动，并能用来代替人的劳动，完成有用的机械功或实现能量转换。

2. 组成

机器基本上都是由原动部分、传动部分和工作部分组成的。原动部分是机器动力的来源，常用的原动机有电机、内燃机、空气压缩机等。工作部分是完成机器预定的动作，处于整个传动的终端，其结构形式主要取决于机器工作本身的用途。

3. 特征

机器一般有以下三个共同的特征：

（1）机器是由许多的部件组合而成的。

（2）机器中的构件之间具有确定的相对运动。

（3）机器能完成有用的机械功或者实现能量转换。例如，运输机能改变物体的空间位置，而电动机能把电能转换成机械能等。

12.1.2 机构

机构与机器有所不同，机构具有机器的前两个特征，而没有最后一个特征。通常把这些具有确定相对运动构件的组合称为机构。机构和机器的区别是机构的主要功用在于传递或转变运动的形式，而机器的主要功用是为了利用机械能做功或能量转换。

12.1.3 机械

机械是机构和机器的总称。

12.2 运动副

使两物体直接接触而又能产生一定相对运动的连接，称为运动副，如图 12-1 所示。

根据运动副中两构件接触形式不同，运动副可分为低副和高副。

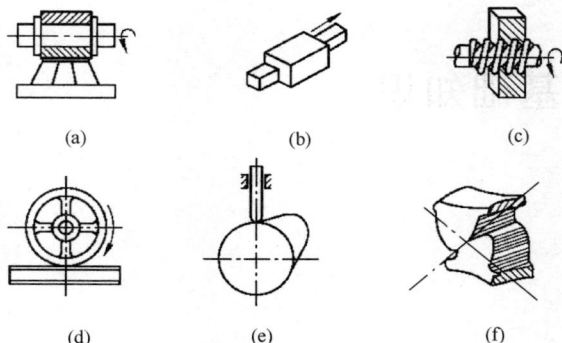

图 12-1　运动副

(a) 转动副；(b) 移动副；(c) 螺旋副；(d) 滚轮副；(e) 凸轮副；(f) 齿轮副

12.2.1　低副

低副是指两构件之间做面接触的运动副。按两构件的相对运动情况，可分为：

（1）转动副：两构件在接触处只允许做相对转动，如图 12-1（a）所示。

（2）移动副：两构件在接触处只允许做相对移动，如图 12-1（b）所示。

（3）螺旋副：两构件在接触处只允许做一定关系的转动和移动的复合运动。如由丝杠与螺母组成的运动副，见图 12-1（c）。

12.2.2　高副

高副是指两构件之间做点或线接触的运动副。按两构件的相对运动情况，可分为：

（1）滚轮副：如由滚轮和轨道之间组成的运动副，见图 12-1（d）。

（2）凸轮副：如凸轮与从动杆组成的运动副，见图 12-1（e）。

（3）齿轮副：如两齿轮轮齿的啮合组成的运动副，见图 12-1（f）。

12.3　机械传动

12.3.1　机械传动的分类

机械传动的一般分类如下：

按传递力的方法
　摩擦传动
　　摩擦轮传动
　　带传动
　　　平型带传动
　　　三角带传动
　　　圆型带传动
　　　同步齿形带传动
　啮合传动
　　齿轮传动
　　　用于两轴平行
　　　　按齿形排列方向
　　　　　直齿圆柱齿轮
　　　　　斜齿圆柱齿轮
　　　　　人字齿圆柱齿轮
　　　　按啮合情况
　　　　　外啮合齿轮传动
　　　　　内啮合齿轮传动
　　　　　齿轮齿条传动
　　　用于两轴相交
　　　　直齿圆锥齿轮传动
　　　　曲齿圆锥齿轮传动
　　　　螺旋齿圆锥齿轮传动
　　　用于两轴相错——螺旋齿圆柱齿轮传动
　　蜗轮蜗杆传动
　　螺旋传动
　　链传动

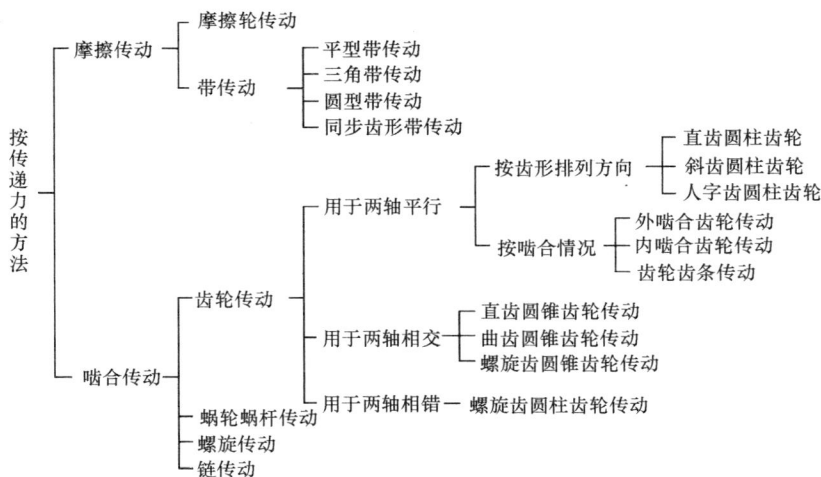

12.3.2　齿轮传动

齿轮传动在建筑机械中应用很广，如塔机、施工升降机、混凝土搅拌机、钢筋切断机、卷扬机等都采用齿轮传动。

1. 齿轮传动的优缺点

（1）传动效率高，一般为 95％～98％，最高可达 99％。

（2）结构紧凑、体积小，与带传动相比，外形尺寸大大减小，它的小齿轮与轴做成一体时直径只有 50mm 左右。

（3）工作可靠，使用寿命长。

（4）传动比固定不变，传递运动准确可靠。

（5）能实现平行轴间、相交轴间及空间相错轴间的多种传动。

（6）制造齿轮需要专门的机床、刀具和量具，工艺要求较严，对制造的精度要求高，因此成本较高。

（7）齿轮传动一般不宜承受剧烈的冲击和过载。

（8）不宜用于中心距较大的场合。

2. 齿轮传动的分类

齿轮传动种类很多，可以按不同的方法进行分类。

（1）按两齿轮轴线的相对位置，可分为两轴平行、两轴相交和两轴交错三类，见表 12-1。

其中齿轮齿条传动在施工升降机中得到广泛应用。

（2）按润滑方式不同，可分为开式、半开式和闭式三种：

1）开式齿轮传动的齿轮外露，容易受到尘土侵袭，润滑不良，轮齿容易磨损，多用于低速传动和要求不高的场合。

常用齿轮传动的分类 表 12-1

啮合类别		图例	说明
两轴平行	外啮合直齿圆柱齿轮传动		(1) 轮齿与齿轮轴线平行。 (2) 传动时，两轴回转方向相反。 (3) 制造最简单。 (4) 速度较高时容易引起动载荷与噪声。 (5) 对标准直齿圆柱齿轮传动，一般采用的圆周速度为 $2\sim3$m/s
	外啮合斜齿圆柱齿轮传动		(1) 轮齿与齿轮轴线倾斜成某一角度。 (2) 相啮合的两齿轮的齿轮倾斜方向相反，倾斜角大小相同。 (3) 传动平稳，噪声小。 (4) 工作中会产生轴向力，轮齿倾斜角越大，轴向力越大。 (5) 适用于圆周速度较高（$v>2\sim3$m/s）的场合
	人字齿轮传动		(1) 轮齿左右倾斜、方向相反，呈"人"字形，可以消除斜齿轮单向倾斜而产生的轴向力。 (2) 制造成本高
两轴平行	内啮合圆柱齿轮传动		(1) 它是外啮轮传动的演变形式，大轮的齿分布在圆柱体内表面，成为内齿轮。 (2) 大小齿轮的回转方向相同。 (3) 轮齿可制成直齿，也可制成斜齿。当制成斜齿时，两轮轮齿倾斜方向相同，倾斜角大小相等
	齿轮齿条传动		(1) 这种传动相当于大齿轮直径为无穷大的外啮合圆柱齿轮传动。 (2) 齿轮做旋转运动，齿条做直线运动。 (3) 轮齿一般是直齿，也有制成斜齿的

续表

啮合类别		图例	说明
两轴相交	直齿锥齿轮传动		(1) 轮齿排列在圆锥体表面上，其方向与圆锥的母线一致。 (2) 一般用在两轴线相交成90°，圆周速度小于2m/s的场合
	曲齿锥齿轮传动		(1) 轮齿是弯曲的，同时啮合的齿数比直齿圆锥齿轮多，啮合过程不易产生冲击，传动较平稳，承载能力较强，在高速和大功率的传动中广泛应用。 (2) 设计加工比较困难，需要专用机床加工，轴向推力较大
两轴交错	螺旋齿轮传动		(1) 单个齿轮为斜齿圆柱齿轮，当交错轴间夹角为0°时，即成为外啮合斜齿圆柱齿轮传动。 (2) 相应地改变两个斜齿轮的螺旋角，即可组成轴间夹角为任意值（0°~90°）的螺旋齿轮传动。 (3) 螺旋齿轮传动承载能力较小，且磨损较严重

2）半开式齿轮传动装有简易防护罩，有时还浸入油池中，这样可较好地防止灰尘侵入。由于磨损仍比较严重，所以一般只用于低速传动的场合。

3）闭式齿轮传动是将齿轮安装在刚性良好的密闭壳体内，并将齿轮浸入一定深度的润滑油中，以保证有良好的工作条件，适用于中速及高速传动的场合。

3. 齿轮各部分名称和符号（图12-2）

（1）齿槽：齿轮上相邻两轮齿之间的空间。

（2）齿顶圆：通过轮齿顶端所作的圆称为齿顶圆，其直径用 d_a 表示，半径用 r_a 表示。

（3）齿根圆：通过齿槽底所作的圆称为齿根圆，其直径用 d_f 表示，半径用 r_f 表示。

（4）齿厚：一个齿的两侧端面齿廓之间的弧长称为齿厚，用 s 表示。

图12-2 齿轮各部分符号

（5）齿槽宽：一个齿槽的两侧齿廓之间的弧长称为齿槽宽，用 e 表示。

（6）分度圆：齿轮上具有标准模数和标准压力角的圆称为分度圆，其直径用 d 表示，半径用 r 表示；对于标准齿轮，分度圆上的齿厚和槽宽相等。

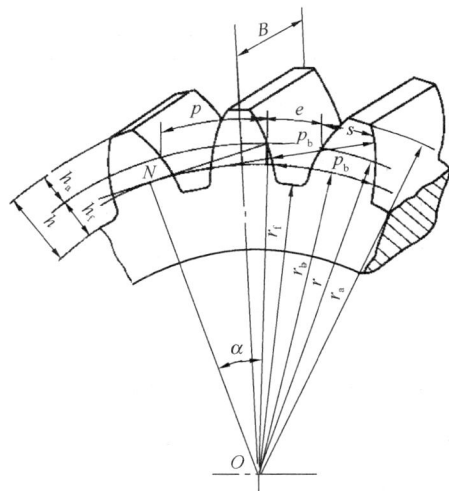

（7）齿距：相邻两齿上同侧齿廓之间的弧长称为齿距，用 p 表示，即 $p = s + e$。

（8）齿高：齿顶圆与齿根圆之间的径向距离称为齿高，用 h 表示。

（9）齿顶高：齿顶圆与分度圆之间的径向距离称为齿顶高，用 h_a 表示。

（10）齿根高：齿根圆与分度圆之间的径向距离称为齿根高，用 h_f 表示。

（11）齿宽：齿轮的有齿部位沿齿轮轴线方向量得的齿轮宽度，用 B 表示。

4. 主要参数

（1）齿数：在齿轮整个圆周上轮齿的总数称为齿数，用 Z 表示。

（2）模数：模数是齿轮几何尺寸计算中最基本的一个参数。齿距除以圆周率所得的商，称为模数，由于 π 为无理数，为了计算和制造上的方便，人为地把 p/π 规定为有理数，用 m 表示，即：$m = p/\pi = d/Z$，模数单位为 mm。

模数直接影响齿轮的大小、轮齿齿形和强度的大小。对于相同齿数的齿轮，模数越大，齿轮的几何尺寸越大，轮齿也大，因此承载能力也越大。

国家对模数值，规定了标准模数系列，见表 12-2。

标准模数系列表 表 12-2

第一系列	0.1	0.12	0.15	0.2	0.25	0.3	0.4	0.5	0.6	0.8
	1	1.25	1.5	2	2.5	3	4	5	6	8
	10	12	16	20	25	32	40	50		
第二系列	0.35	0.7	0.9	1.75	2.25	2.75	(3.25)	3.5	(3.75)	4.5	5.5
	(6.5)	7	8	(11)	14	18	22	28	(30)	36	45

注：本表适用于渐开线圆柱齿轮，对斜齿轮是指法面模数；选用模数时，应优先采用第一系列，其次是第二系列，括号内的模数尽量不用。

（3）分度圆压力角：通常说的压力角指分度圆上的压力角，简称压力角，用 α 表示。国家标准中规定，分度圆上的压力角为标准值，$\alpha = 20°$。

齿廓形状是由齿数、模数、压力角三个因素决定的。

5. 直齿圆柱齿轮传动

（1）啮合条件：两齿轮的模数和压力角分别相等。

（2）中心距：一对标准直齿圆柱齿轮传动，由于分度圆上的齿厚与齿槽宽相等，所以两齿轮的分度圆相切，且做纯滚动，此时两分度圆与其相应的节圆重合，则标准中心距见式（12-1）：

$$a = r_1 + r_2 = \frac{m(Z_1 + Z_2)}{2} \quad (12-1)$$

式中　a——标准中心距；

r_1、r_2——齿轮的半径；

m——齿轮的模数；

Z_1、Z_2——齿轮的齿数。

6. 齿轮传动的失效形式

齿轮传动由于某种原因不能正常工作时，称为失效。常见的齿轮传动失效形式为齿面损坏和齿根折断两类。其中齿面损坏主要有以下三种形式：齿面磨损、齿面点蚀和齿面胶合。施工升降机的齿轮齿条传动由于润滑条件差，灰尘脏物等研磨性微粒易落在齿面上，轮齿磨损快，且齿根产生的弯曲应力大，因此，齿面磨损和齿根折断是施工升降机齿轮齿条传动的失效形式。

12.3.3 蜗轮蜗杆传动

蜗轮蜗杆传动是一种常用的大传动比机械传动，广泛应用于机床、仪器、起重运输机械及建筑机械中。

如图 12-3 所示，蜗轮蜗杆传动由蜗杆和蜗轮组成，传递两交错轴之间的运动和动力，一般以蜗杆为主动件，蜗轮为从动件。通常，工程中所用的蜗杆是阿基米德蜗杆，它的外形很像一根具有梯形螺纹的螺杆，其轴向截面类似于直线齿廓的齿条。蜗杆有左旋、右旋之分，一般为右旋。

蜗轮蜗杆传动的主要特点是工作平稳、噪声小，蜗杆螺旋角小时可具有自锁作用，但传动效率低、价格比较昂贵。

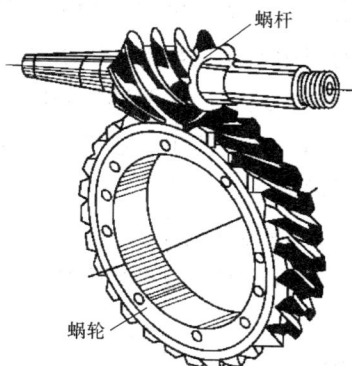

图 12-3　蜗轮蜗杆传动

12.3.4 链传动

链传动由主动链轮、链条和从动链轮组成，如图 12-4 所示。链轮具有特定的齿形，链条套装在主动链轮和从动链轮上。工作时，通过链条的链节与链轮轮齿的啮合来传递运动和动力。链传动具有下列特点：

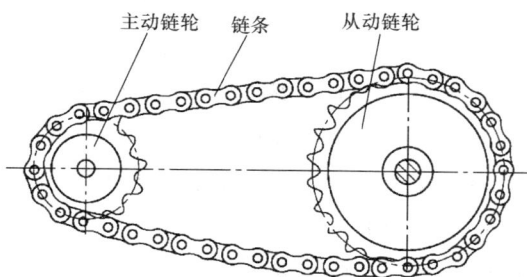

图 12-4　链传动

(1) 链传动结构较带传动紧凑，过载能力大。

(2) 链传动有准确的平均传动比，无滑动现象，但传动平稳性差，工作时有噪声。

(3) 作用在轴和轴承上的载荷较小。

(4) 可在温度较高、灰尘较多、湿度较大的不良环境下工作。

(5) 低速时能传递较大的载荷。

（6）制造成本较高。

12.3.5 带传动

带传动由主动轮、从动轮和传动带组成，靠带与带轮之间的摩擦力来传递运动和动力，如图 12-5 所示。

1. 带传动的特点

与其他传动形式相比较，带传动具有以下特点：

（1）由于传动带具有良好的弹性，所以能缓和冲击、吸收振动，传动平稳，无噪声。但因带传动存在滑动现象，所以不能保证恒定的传动比。

（2）传动带与带轮是通过摩擦力传递运动和动力的，因此过载时，传动带在轮缘上会打滑，从而可以避免其他零件的损坏，起到安全保护的作用，但传动效率较低，带的使用寿命短，轴、轴承承受的压力较大。

（3）适宜用在两轴中心距较大的场合，但外廓尺寸较大。

（4）结构简单，制造、安装、维护方便，成本低，但不适用于高温、有易燃易爆物质的场合。

2. 带传动的类型

带传动可分为平型带传动、V 型带传动和同步带传动等，如图 12-6 所示。

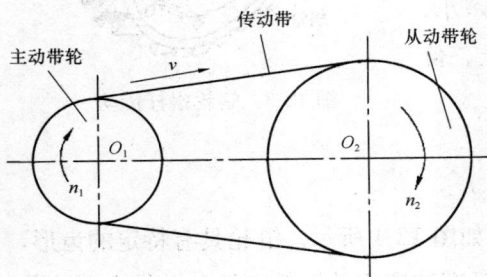

图 12-5 带传动

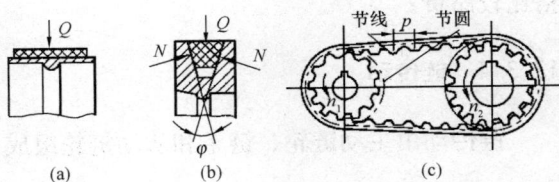

图 12-6 带传动的类型

（a）平型带传动；（b）V 型带传动；（c）同步带传动

（1）平型带传动

平型带的横截面为矩形，已标准化，常用的有橡胶帆布带、皮革带、棉布带和化纤带等。

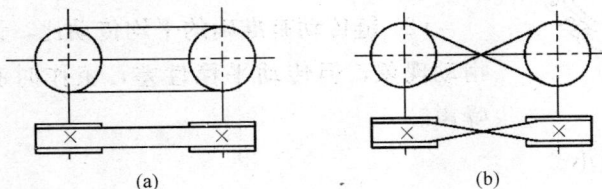

图 12-7 平型带传动

（a）开口式传动；（b）交叉式传动

平型带传动主要用于两带轮轴线平行的传动，其中有开口式传动和交叉式传动等，如图 12-7 所示。开口式传动，两带轮转向相同，应用较多；交叉式传动，

114

两带轮转向相反，传动带容易磨损。

（2）V 型带传动

V 型带传动又称三角带传动，较之平型带传动的优点是传动带与带轮之间的摩擦力较大，不易打滑；在电动机额定功率允许的情况下，要增加传递功率只要增加传动带的根数即可。V 型带传动常用的有普通 V 型带传动和窄 V 型带传动两类，常用普通 V 型带传动。

对 V 型带轮的基本要求是：质量轻且分布均匀，有足够的强度，安装时对中性良好，无铸造与焊接所引起的内应力。带轮的工作表面应经过加工，使之表面光滑以减少胶带的磨损。

带轮常用铸铁、钢、铝合金或工程塑料等制成。带轮由轮缘、轮毂、轮辐三部分组成，如图 12-8 所示。轮缘上有带槽，它是与 V 型带直接接触的部分，槽数与槽的尺寸应与所选 V 型带的根数和型号相对应。轮毂是带轮与轴配合的部分，轮毂孔内一般有键槽，以便用键将带轮和轴连接在一起。轮辐是连接轮缘与轮毂的部分，其形式根据带轮直径大小选择。当带轮直径很小时，只能做成实心式，如图 12-8（a）所示；中等直径的带轮做成腹板式，如图 12-8（b）所示；直径大于 300mm 的带轮常采用轮辐式，如图 12-8（c）所示。

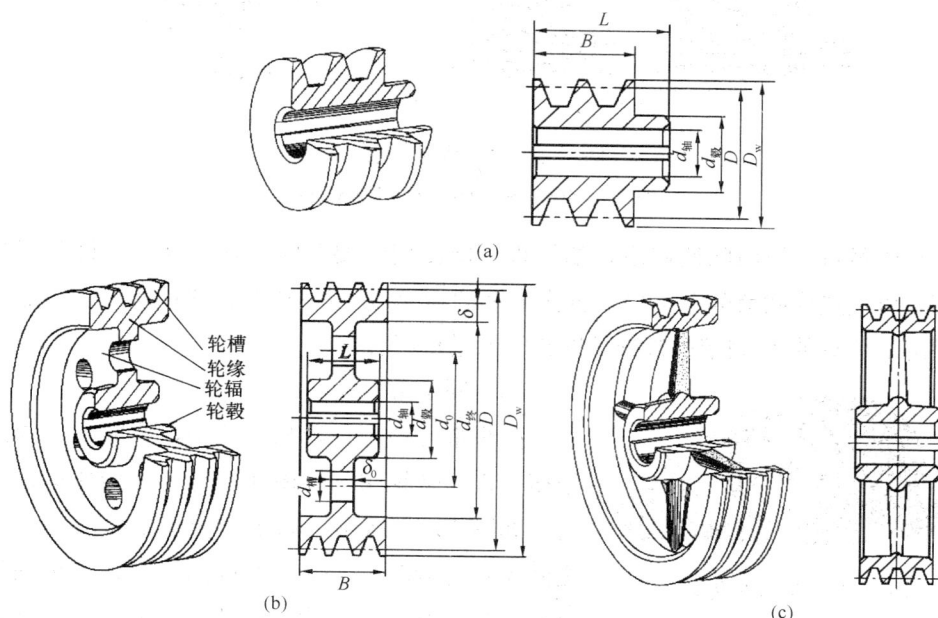

图 12-8　带轮

（a）实心式；（b）腹板式；（c）轮辐式

V 型带传动的安装、使用和维护是否得当，会直接影响传动带的正常工作和使用寿命。在安装带轮时，要保证两轮中心线平行，其端面与轴的中心线垂直，主、从动轮的轮槽必须在同一平面内，带轮安装在轴上不得晃动。

选用 V 型带时，型号和计算长度不能搞错。若 V 型带型号大于轮槽型号，会使 V 型带高出轮槽，使接触面减小，降低传动能力；若小于轮槽型号，将使 V 型带底面与轮槽底面接触，从而失去 V 型带传动摩擦力大的优点。

安装 V 型带时应有合适的张紧力，在中等中心距的情况下，用大拇指按下 1.5cm 即可；同一组 V 型带的实际长短相差不宜过大，否则易造成受力不均匀现象，以致降低整个机构的工作能力。V 型带在使用一段时间后，由于长期受拉力作用会产生永久变形，使长度增加而造成 V 型带松弛，甚至不能正常工作。

为了使 V 型带保持一定的张紧程度和便于安装，常把两带轮的中心距做成可调整的［图 12-9（a）］，或者采用张紧装置［图 12-9（b）］。没有张紧装置时，可将 V 型带预加张紧力增大到 1.5 倍，当胶带工作一段时间后，由于总长度有所增加，张紧力就合适了。

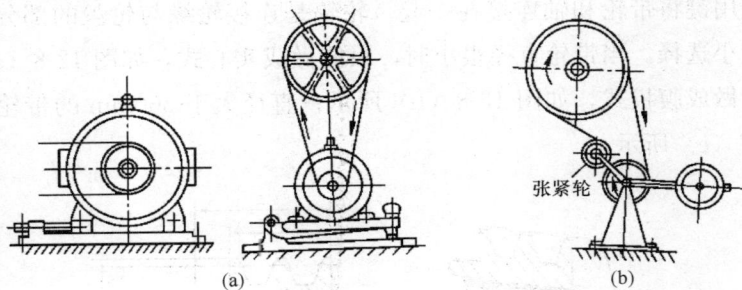

张紧轮

(a)　　　　　　　　(b)

图 12-9　带的张紧方法

(a) 调整中心距的方法；(b) 应用张紧轮的方法

V 型带经过一段时间使用后，如发现不能使用时要及时更换，且不允许新旧带混合使用，以免造成载荷分布不均。更换下来的 V 型带如果其中有的仍能继续使用，可在使用寿命相近的 V 型带中挑选长度相等的进行组合。

图 12-10　同步带传动

（3）同步带传动

同步带传动是一种啮合传动，依靠带内周的等距横向齿与带轮相应齿槽间的啮合来传递运动和动力，如图 12-10 所示。同步带传动工作时带与带轮之间无相对滑动，能保证准确的传动比。传动效率可达 0.98；传动比较大，可达 12～20；允许带速可高至 50m/s。但同步带传动的制造要求较高，安装时对中心距有严格要求，价格较贵。同步带传动主要用于要求传动比准确的中、小功率传动中。

3. 带传动的维护

为了延长带传动使用寿命，保证正常运转，须正确使用与维护。带传动在安装时，必须使两带轮轴线平行，轮槽对正，否则会加剧磨损。安装时应缩小轴距后套上，然后调整。严防与矿物油、酸、碱等腐蚀性介质接触，也不宜在阳光下曝晒。如有油污可用温水或1.5%的稀碱溶液洗净。

12.4 轴

轴是组成机器中的最基本的和主要的零件，一切做旋转运动的传动零件，都必须安装在轴上才能实现旋转和传递动力。

12.4.1 常用轴的种类和应用特点

（1）按照轴的轴线形状不同，可以把轴分为曲轴［图12-11（a）］和直轴［图12-11（b）、图12-11（c）］两大类。曲轴可以将旋转运动改变为往复直线运动或者作相反的运动转换。直轴应用最为广泛，直轴按照其外形不同，可分为光轴［图12-11（b）］和阶梯轴［图12-11（c）］两种。

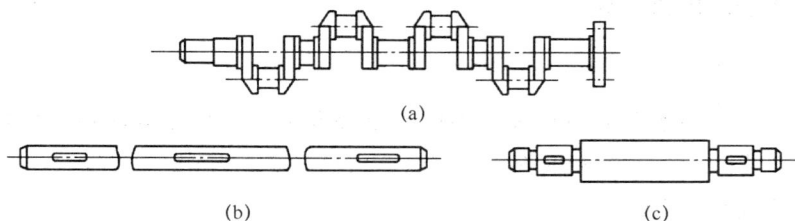

图 12-11 轴
（a）曲轴；（b）光轴；（c）阶梯轴

（2）按照轴所受载荷不同，可将轴分为心轴、转轴和传动轴三类。

1）心轴：通常指只承受弯矩而不承受转矩的轴，如自行车前轴。

2）转轴：既受弯矩又受转矩的轴。转轴在各种机器中最为常见。

3）传动轴：只受转矩不受弯矩或受很小弯矩的轴。车床上的光轴、连接汽车发动机输出轴和后桥的轴，均是传动轴。

12.4.2 轴的结构

轴主要由轴颈、轴头、轴身和轴肩、轴环构成，如图12-12所示。

（1）轴颈，是指轴与轴承配合的轴段。轴颈的直径应符合轴承的内径系列。

（2）轴头，是指支撑传动零件的轴段。轴头的直径必须与相配合零件的轮毂内径一致，并符合轴的标准直径系列。

（3）轴身，是指连接轴颈和轴头的轴段。

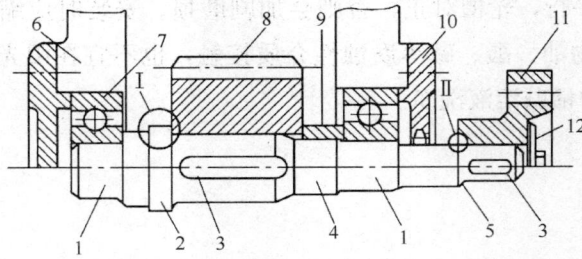

图 12-12　轴的结构

1—轴颈；2—轴环；3—轴头；4—轴身；5—轴肩；6—轴承座；7—滚动轴承；

8—齿轮；9—套筒；10—轴承盖；11—联轴器；12—轴端挡阻

（4）轴肩和轴环是阶梯轴上截面变化之处。

12.5　轴承

12.5.1　轴承的功用和类型

（1）轴承功用

轴承是机器中用来支承轴和轴上零件的重要零部件，它能保证轴的旋转精度，减小转动时轴与支承间的摩擦和磨损。

（2）轴承的类型和特点

根据工作时摩擦性质不同，轴承可分为滑动轴承和滚动轴承；按所受载荷方向不同，可分为向心轴承、推力轴承和向心推力轴承。

12.5.2　滑动轴承

滑动轴承一般由轴承座、轴瓦（或轴套）、润滑装置和密封装置等部分组成，如图 12-13 所示。

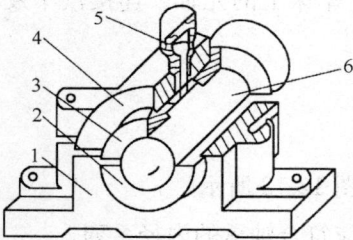

图 12-13　滑动轴承

1—轴承座；2，3—轴瓦；4—轴承盖；

5—润滑装置；6—轴颈

根据轴承所受载荷方向不同，可分为向心滑动轴承、推力滑动轴承和向心推力滑动轴承。

12.5.3　滚动轴承

滚动轴承由内圈 1、外圈 2、滚动体 3 和保持架 4 组成，如图 12-14 所示。一般内圈装在轴颈上，外圈装在轴承座孔内。内、外圈上设置有滚道，当内、外圈相对旋转时，滚动体沿着滚道滚动。滚动体是滚动轴承的主体，常见形状有球形和滚子形（圆柱形滚子、圆锥形滚子、鼓形滚子等）。保持架的作用是分隔开两个相邻的滚动体，以减少滚动体之间的碰撞和磨损。按滚动体形状不同，滚动轴承可分为球轴承［图 12-14（a）］和滚子轴承［图 12-14（b）］两大类。若按轴承载荷的类型不同可分为三大类：主要承受径向载荷的轴承称为向心轴承；只能承受轴向载荷的轴承称为推力轴承；能同时承受径向和轴向载荷的轴承称为向心推力轴承。

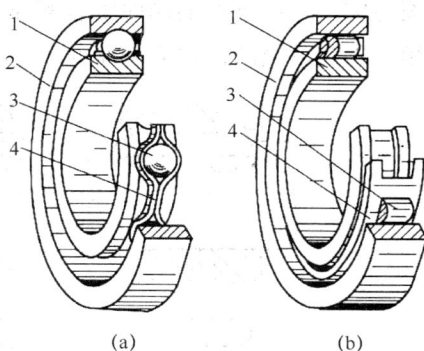

图 12-14　滚动轴承构造

（a）球轴承；（b）滚子轴承

1—内圈；2—外圈；3—滚动体；4—保持架

　　滚动轴承与滑动轴承相比，有以下优点：

　　（1）滚动轴承的摩擦阻力小，因此功率损耗小，机械效率高，发热少，不需要大量的润滑油来散热，易于维护和启动。

　　（2）常用的滚动轴承已标准化，可直接选用，而滑动轴承一般均须自制。

　　（3）对于同样大的轴颈，滚动轴承的宽度比滑动轴承小，可使机器的轴向结构紧凑。

　　（4）有些滚动轴承可同时承受径向和轴向两种载荷，这就简化了轴承的组合结构。

　　（5）滚动轴承不需用有色金属，对轴的材料和热处理要求不高。

　　滚动轴承亦存在一些缺点，主要有：

　　（1）承受冲击载荷的能力较差。

　　（2）运转不够平稳，有轻微的振动。

　　（3）不能剖分装配，只能轴向整体装配。

　　（4）径向尺寸比滑动轴承大。

12.6　键销连接

12.6.1　键连接

　　键连接由零件的轮毂、轴和键组成，在各种机器上有很多转动零件，如齿轮、带轮、蜗轮、凸轮等，这些轮毂和轴大多数采用键连接或花键连接。键连接是一种应用很广泛的可拆连接，主要用于轴与轴上零件的周向相对固定，以传递运动或转矩。

　　1. 平键连接

　　平键连接装配时先将键放入轴的键槽中，然后推上零件的轮毂，构成平键连接，如图 12-15 所示。平键连接时，键的上顶面与轮毂键槽的底面之间留有间隙，而键的两侧面与轴、轮毂键槽的侧面配合紧密，工作时依靠键和键槽侧面的挤压来传递运动和转矩，因此平键的侧面为工作面。

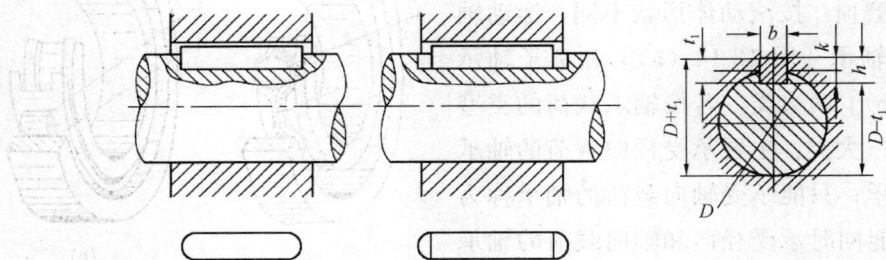

图 12-15　平键连接

平键连接由于结构简单、装拆方便和对中性好，因此获得广泛应用。

2. 花键连接

在使用一个平键不能满足轴所传递的扭矩的要求时，可采用花键连接。花键连接由花键轴与花键套构成，如图 12-16 所示，常用于传递大扭矩、要求有良好的导向性和对中性的场合。花键的齿形有矩形、三角形及渐开线齿形等三种，矩形键加工方便，应用较广。

3. 半圆键连接

半圆键的上表面为平面，下表面为半圆形弧面，两侧面互相平行。半圆键连接也是靠两侧工作面传递转矩的，如图 12-17 所示。半圆键连接能自动适应零件轮毂槽底的倾斜，使键受力均匀，主要用于轴端传递转矩不大的场合。

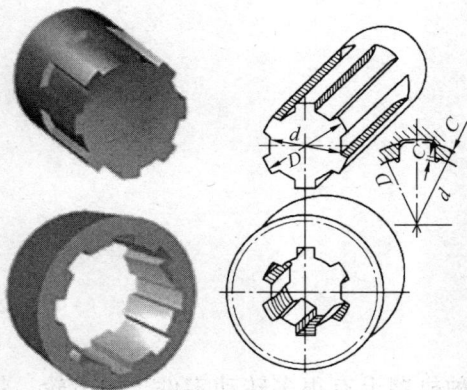

图 12-16　花键连接

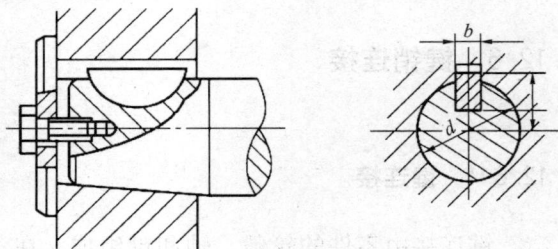

图 12-17　半圆键连接

12.6.2　销连接

销连接用来固定零件间的相互位置，构成可拆连接，也可用于轴和轮毂或其他零件的连接以传递较小的载荷，有时还用做安全装置中的过载剪切元件。

销是标准件，其基本型式有圆柱销和圆锥销两种。圆柱销连接不宜经常装拆，否则会降低定位精度或连接的紧固性，如图 12-18 所示。圆锥销有 1：50 的锥度，小头直径为标准值。圆锥销易于安装，如图 12-19 所示，其定位精度高于圆柱销。圆柱销和圆锥销孔均须铰制。铰制的圆柱销孔直径有四种不同配合精度，可根据使用要求选择。

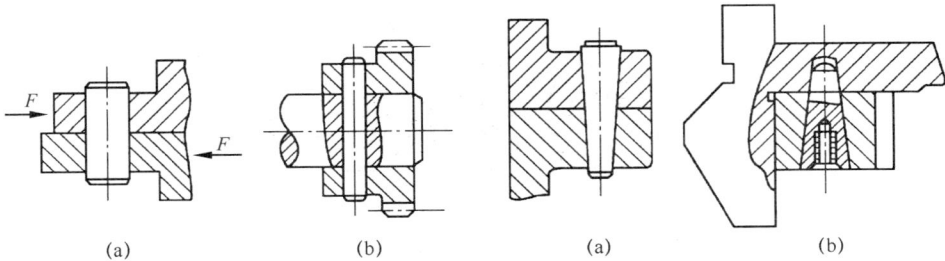

| (a) | (b) | (a) | (b) |

图 12-18　圆柱销　　　　　　　　图 12-19　圆锥销

销的类型按工作要求选择。用于连接的销，可根据连接的结构特点按经验确定直径，必要时再作强度校核；定位销一般不受载荷或受很小载荷，其直径按结构确定，数目不得少于两个；安全销直径按销的剪切强度进行计算。

12.7　联轴器

联轴器用于轴与轴之间的连接，按性能可分为刚性联轴器和弹性联轴器两大类。

12.7.1　刚性联轴器

刚性联轴器是通过若干刚性零件将两轴连接在一起，可分固定式（图 12-20）和可移式（图 12-21）两种。固定式刚性联轴器，虽然不具有补偿性能，但结构简单、制造容易、不需维护、成本低，仍有其应用范围。可移式刚性联轴器具有补偿两轴相对位移的能力。

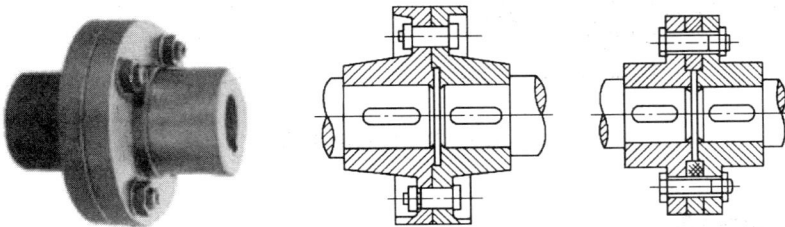

图 12-20　固定式刚性联轴器

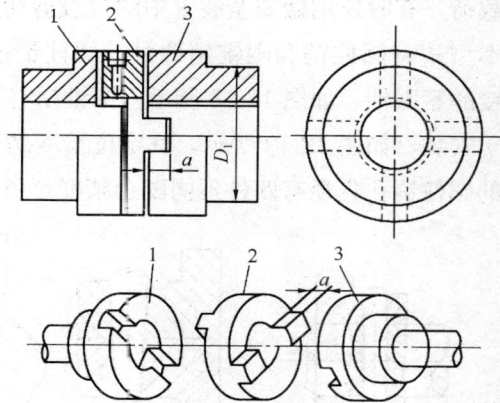

图 12-21　可移式刚性联轴器

1，3—半联轴器；2—滑块

12.7.2　弹性联轴器

弹性联轴器种类繁多，具有缓冲吸振，可补偿较大的轴向位移、微量的径向位移和角位移的特点，常用在正反向变化多、启动频繁的高速轴上。如图 12-22 所示是一种常见的弹性联轴器。

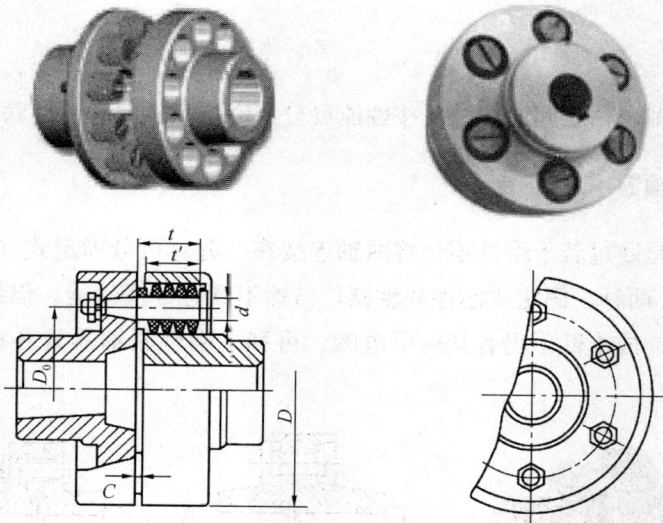

图 12-22　弹性联轴器

12.7.3　安全联轴器

安全联轴器有一个只能承受限定载荷的保险环节，当实际载荷超过限定的载荷时，保险环节就发生变化，截断运动和动力的传递，从而保护机器的其余部分不致损坏。

12.8 制动器

制动器是用于机构或机器减速或使其停止的装置，是各类起重机械不可缺少的组成部分，它既是起重机的控制装置，又是安全装置。其工作原理是：制动器摩擦副中的一组与固定机架相连，另一组与机构转动轴相连。当摩擦副接触压紧时，产生制动作用；当摩擦副分离时，制动作用解除，机构可以运动。

12.8.1 制动器的分类

（1）根据构造不同，制动器可分为以下三类：

1）带式制动器。制动钢带在径向环抱制动轮而产生制动力矩。

2）块式制动器。两个对称布置的制动瓦块，在径向抱紧制动轮而产生制动力矩。

3）盘式与锥式制动器。带有摩擦衬料的盘式和锥式金属盘，在轴向互相贴紧而产生制动力矩。

（2）按工作状态，制动器一般可分为常闭式制动器和常开式制动器：

1）常闭式制动器。在机构处于非工作状态时，制动器处于闭合制动状态；在机构工作时，操纵机构先行自动松开制动器。塔机的起升和变幅机构均采用常闭式制动器。

2）常开式制动器。制动器平常处于松开状态，需要制动时通过机械或液压机构来完成。塔机的回转机构采用常开式制动器。

12.8.2 常用制动器的工作原理

建筑机械最常用的是液压推杆制动器（图 12-23）和电磁制动器（图 12-24）。无论是液压推杆制动器还是电磁制动器，其原理基本相近，采用弹簧上闸，而松闸装置液压电磁推杆则布置在制动器的旁侧，通过杠杆系统与制动臂联系而实现松闸。

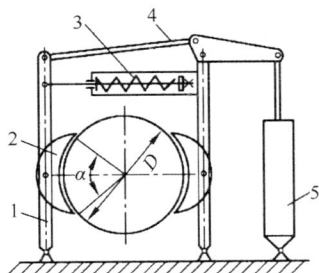

图 12-23　液压推杆制动器

1—制动臂；2—制动瓦块；3—上闸弹簧；4—杠杆；

5—液压电磁推杆松闸器

图 12-24　电磁制动器

12.8.3 制动器的报废

制动器的零件有下列情况之一的，应予报废：

（1）可见裂纹。

（2）制动块摩擦衬垫磨损量达原厚度的 50%。

（3）制动轮表面磨损量达 1.5～2mm。

（4）弹簧出现塑性变形。

（5）电磁铁杠杆系统空行程超过其额定行程的 10%。

13 电工学基础知识

13.1 基本概念

13.1.1 电流

在电路中电荷有规则的运动称为电流，在电路中能量的传输靠的是电流。

电流不但有方向，而且有大小。大小和方向都不随时间变化的电流，称为直流电，用字母"DC"或"—"表示；大小和方向随时间变化的电流，称为交流电，用字母"AC"或"～"表示。

在日常工作中，用试电笔测量交流电时，试电笔氖管通身发亮，且亮度明亮；测直流电时，试电笔氖管一端发亮，且亮度较暗。

电流的大小见关系式（13-1）：

$$I = \frac{Q}{t} \tag{13-1}$$

式中 I——电流强度，A；

$\quad$ Q——通过导体某截面的电荷量，C；

$\quad$ t——电荷通过时间，s。

电流的基本单位是安培，简称安，用字母 A 表示，电流常用的单位还有千安（kA）、毫安（mA）、微安（μA），换算关系为：

$$1kA = 10^3 A$$

$$1mA = 10^{-3} A$$

$$1\mu A = 10^{-6} A$$

测量电流的仪表叫电流表，又称安培表，分为直流电流表和交流电流表两类。测量时必须将电流表串联在被测的电路中。每一个安培表都有一定的测量范围，所以在使用安培表时，应该先估算一下电流的大小，选择量程合适的电流表。

13.1.2 电压

电路中要有电流，必须要有电位差，有了电位差，电流才能从电路中的高电位点流向低电位点。电压是指电路中（或电场中）任意两点之间的电位差。

电压的基本单位是伏特，简称伏，用字母 V 表示，常用的单位还有千伏（kV）、毫伏（mV）等，换算关系为：

$$1kV = 10^3V$$

$$1mV = 10^{-3}V$$

测量电压大小的仪表叫电压表，又称伏特表，分为直流电压表和交流电压表两类。测量时，必须将电压表并联在被测量电路中。每个伏特表都有一定的测量范围（即量程），使用时，必须注意所测的电压不得超过伏特表的量程。

电压按等级划分为高压、低压和安全电压。

高压：指电气设备对地电压在 250V 以上；

低压：指电气设备对地电压为 250V 以下；

安全电压有五个等级：42V、36V、24V、12V、6V。〔附注：为防止触电事故而采用的由特定电源供电的电压系列。这个电压系列，在任何情况下，两导体间或任一导体与地之间均不得超过交流(50～500Hz)有效值 50V。此电压称为安全电压。〕

13.1.3 电阻

导体对电流的阻碍作用称为电阻，导体电阻是导体中客观存在的。当温度不变时，导体的电阻与导体的长度成正比，与导体的横截面积成反比。

通常用 R 来表示导体的电阻，L 表示导体的长度，S 表示导体的横截面积。上述关系见式（13-2）：

$$R = \rho \cdot \frac{L}{S} \tag{13-2}$$

式中 ρ 是由导体的材料决定的，而且与导体的温度有关，称为导体的电阻率。

电阻的常用单位有欧（Ω）、千欧（kΩ）、兆欧（MΩ），换算关系为：

$$1k\Omega = 10^3\Omega$$

$$1M\Omega = 10^3k\Omega = 10^6\Omega$$

13.1.4 电路

1. 电路的组成

电路就是电流流通的路径，如日常生活中的照明电路、电动机电路等。电路一般由电源、负载、导线和控制器件四个基本部分组成，如图 13-1 所示。

（1）电源：将其他形式的能量转换为电能的装置。在电路中，电源产生电能，并维持电路中的电流。

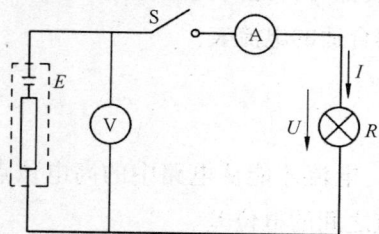

图 13-1　电路示意图

（2）负载：将电能转换为其他形式能量的装置。

（3）导线：连接电源和负载的导体，为电流提供通道并传输电能。

（4）控制器件：在电路中起接通、断开、保护、测量等作用的装置。

2. 电路的类别

按照负载的连接方式，电路可分为串联电路和并联电路。电流依次通过每一个组成元件的电路，称为串联电路；所有负载（电源）的输入端和输出端分别被连接在一起的电路，称为并联电路。

按照电流的性质，电路可分为交流电路和直流电路。电压和电流的大小及方向随时间变化的电路，称为交流电路；电压和电流的大小及方向不随时间变化的电路，称为直流电路。

3. 电路的状态

（1）通路：当电路的开关闭合，负载中有电流通过时称为通路。电路正常工作状态为通路。

（2）开路：即断路，指电路中开关打开或电路中某处断开时的状态。开路时，电路中无电流通过。

（3）短路：电源两端的导线因某种事故未经过负载而直接连通时称为短路。短路时负载中无电流通过，流过导线的电流比正常工作时大几十倍甚至数百倍，短时间内就会使导线产生大量的热量，造成导线熔断或过热而引发火灾。短路是一种事故状态，应避免发生。

13.1.5 电功率

在导体的两端加上电压，导体内就产生电流。电场力推动自由电子定向移动所做的功，通常称为电流所做的功或称为电功（W）。

电流在一段电路所做的功，与这段电路两端的电压 U、电路中的电流 I 和通电时间 t 成正比，关系式如下：

$$W = UIt \tag{13-3}$$

电流做功的过程实际上是电能转化为其他形式能的过程。例如，电流通过电炉做功，电能转化为热能；电流通过电动机做功，电能转化为机械能。

单位时间内电流所做的功叫电功率，简称功率，用字母 P 表示，其单位为焦耳/秒（J/s），即瓦特，简称瓦（W）。功率的计算公式如下：

$$P = \frac{W}{t} = UI = I^2 R = \frac{U^2}{R} \tag{13-4}$$

式中　　P——电功率，W；

W——电功，J；

t——时间，s；

U——电压，V；

I——电流，A；

R——电阻，Ω。

常用的电功率单位还有 kW、MW 和马力（HP），换算关系为：

$$1kW = 10^3 W；1MW = 10^6 W；1HP = 736W$$

13.1.6 电能

电路的主要任务是进行电能的传送、分配和转换。电能是指一段时间内电场所做的功，关系式如下：

$$W = Pt \tag{13-5}$$

式中　W——电功，J；

P——功率，W；

t——时间，s。

测量电功的仪表是电能表，又称电度表，它可以计量用电设备或电器在某一段时间内所消耗的电能。测量电功率的仪表是功率表，它可以测量用电设备或电气设备在某一工作瞬间的电功率大小。功率表又可以分为有功功率表（kW）和无功功率表（kVar）。

13.1.7 交流电

所谓交流电，是指大小和方向都随时间作用周期性变化的电动势、电压或电流，平时用的交流电是随时间按正弦规律变化的，所以叫做正弦交流电，简称交流电，用"AC"或"～"表示。

我国工业上普遍采用频率为 50Hz 的正弦交流电，在日常生活中，人们接触较多的是单相交流电，而实际工作中，人们接触更多的是三相交流电。三个具有相同频率、相同振幅，但在相位上彼此相差 120°的正弦交流电压、电流或电动势，统称为三相交流电。

三相交流电习惯上称为 A/B/C 三相，按国标《人机界面标志标识的基本和安全规则　设备端子、导体终端和导体的标识》GB/T 4026—2019 规定，交流供电系统的电源 A、B、C 分别用 L_1、L_2、L_3 表示，其相色漆的颜色分别以黄色、绿色和红色表示。交流供电系统中电气设备按接线端子的 A 相、B 相、C 相则分别用 U、V、W 表示，如三相电动机三相绕组的首端和尾端分别为 U_1 和 U_2、V_1 和 V_2、W_1 和 W_2。

13.2　交流电动机

13.2.1　交流电动机的分类

交流电动机分为异步电动机和同步电动机。异步电动机又可分为单相异步电动机和三相异步电动机。单相异步电动机主要用于电扇、洗衣机、电冰箱、空调、排风扇、木工机械及小型电钻等。施工现场使用的施工升降机、塔式起重机的行走、变幅、起升、回转机构都采用三相异步电动机。

13.2.2　三相异步电动机的结构

三相异步电动机也叫三相感应电动机，主要由定子和转子两个基本部分组成。转子又可分为鼠笼式和绕线式两种。

1. 定子

定子主要由定子铁芯、定子绕组、机座和端盖等组成。

（1）定子铁芯。定子铁芯是异步电动机主磁通磁路的一部分，通常由导磁性能较好的 0.35～0.5mm 厚的硅钢片叠压而成。对于容量较大（10kW 以上）的电动机，在硅钢片两面涂以绝缘漆，作为片间绝缘之用。

（2）定子绕组。定子绕组是异步电动机的电路部分，由三相对称绕组按一定的空间角度依次嵌放在定子线槽内，其绕组有单层和双层两种基本形式，如图 13-2 所示。

（3）机座。机座的作用主要是固定定子铁芯并支撑端盖和转子，中小型异步电动机一般都采用铸铁机座。

2. 转子

转子部分由转子铁芯、转子绕组及转轴组成。

（1）转子铁芯，也是电动机主磁通磁路的一部分，一般也由 0.35～0.5mm 厚的硅钢片叠成，并固定在转轴上。转子铁芯外圆侧均匀分布着线槽，用以浇铸或嵌放转子绕组。

（2）转子绕组，按其形式分为鼠笼式和绕线式两种。

小容量鼠笼式电动机一般采用在转子铁芯槽内浇铸铝笼条，两端的端环将笼条短接起来，并浇铸成冷却风扇叶状。如图 13-3 所示为鼠笼式电机的转子。

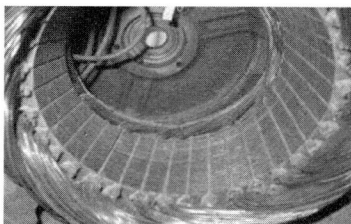

图 13-2　三相电机的定子绕组　　图 13-3　鼠笼式电机的转子

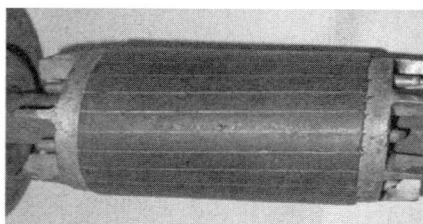

绕线式电动机是在转子铁芯线槽内嵌放对称三相绕组，如图 13-4 所示。三相绕组的一端接成星形，另一端接在固定在转轴上的滑环（集电环）上，通过电刷与变阻器连接。如图 13-5 所示为三相绕线式电机的滑环结构。

图 13-4 绕线式电机的转子绕组　　　　图 13-5 三相绕线式电机的滑环结构

（3）转轴，其主要作用是支撑转子和传递转矩。

13.2.3 三相异步电动机的铭牌

电动机出厂时，在机座上都有一块铭牌，上面标有该电机的型号、规格和有关数据。

1. 铭牌的标识

电机产品型号举例：Y—132S$_2$—2

Y——表示异步电动机

132——表示机座号，数据为轴心对底座平面的中心高（mm）

S——表示短机座（S：短　M：中　L：长）

$_2$——表示铁芯长度号

2——表示电动机的极数

2. 技术参数

（1）额定功率：电动机的额定功率也称额定容量，表示电动机在额定工作状态下运行时轴上能输出的机械功率，单位为 W 或 kW。

（2）额定电压：是指电动机额定运行时外加于定子绕组上的线电压，单位为 V 或 kV。

（3）额定电流：是指电动机在额定电压和额定输出功率时定子绕组的线电流，单位为 A。

（4）额定频率：是指电动机在额定运行时电源的频率，单位为 Hz。

（5）额定转速：是指电动机在额定运行时的转速，单位为 r/min。

（6）接线方法：表示电动机在额定电压下运行时三相定子绕组的接线方式。目前电动机铭牌上给出的接法有两种，一种是额定电压为 380V/220V，接法为 Y/△；另一种是额定电压为 380V，接法为△。

（7）绝缘等级：电动机的绝缘等级，是指绕组所采用的绝缘材料的耐热等级，它表明电动机所允许的最高工作温度，见表 13-1。

绝缘等级及允许最高工作温度　　　　　　　　　　　　表 13-1

绝缘等级	Y	A	E	B	F	H	C
最高工作温度/℃	90	105	120	130	155	180	＞180

13.2.4　三相异步电动机的运行与维护

1. 电动机启动前检查

（1）电动机上和附近有无杂物和人员。

（2）电动机所拖动的机械设备是否完好。

（3）大型电动机轴承和启动装置中油位是否正常。

（4）绕线式电动机的电刷与滑环接触是否紧密。

（5）转动电动机转子或其所拖动的机械设备，检查电动机和拖动的设备转动是否正常。

2. 电动机运行中的监视与维护

（1）电动机的温升及发热情况。

（2）电动机的运行负荷电流值。

（3）电源电压的变化。

（4）三相电压和三相电流的不平衡度。

（5）电动机的振动情况。

（6）电动机运行的声音和气味。

（7）电动机的周围环境、运行条件。

（8）电刷是否冒火或其他异常现象。

13.3　低压电器

低压电器在供配电系统中广泛用于电路、电动机、变压器等电气装置上，起着开关、保护、调节和控制的作用，按其功能分有开关电器、控制电器、保护电器、调节电器、主令电器、成套电器等，现主要介绍起重机械中常用的几种低压电器。

13.3.1　主令电器

主令电器是一种能向外发送指令的电器，主要有控制按钮、行程开关、万能转换开关、主令开关等。利用它们可以实现人对控制电器的操作或实现控制电路的顺序控制。

图 13-6　常用控制按钮

1. 控制按钮

按钮是一种靠外力操作接通或断开电路的电气元件，一般不能直接用来控制电气设备，只能发出指令，但可以实现远距离操作。常用控制按钮如图 13-6 所示。

2. 行程开关

行程开关又称限位开关或终点开关，它不用人工操作，而是利用机械设备某些部件的碰撞来完成的，以控制自身的运动方向或行程大小。行程开关是一种将机械信号转换为电信号来控制运动部件行程的开关元件，被广泛用于顺序控制器、运动方向、行程、零位、限位、安全及自动停止、自动往复等控制系统中。如图 13-7 所示为几种常见的行程开关。

3. 万能转换开关

万能转换开关如图 13-8 所示，是一种多对触头、多个挡位的转换开关，主要由操作手柄、转轴、动触头及带号码牌的触头盒等构成。常用的转换开关有 LW2、LW4、LW5-15D、LW15-10、LWX2 等，塔式起重机在 QT30 以下的塔机一般使用 LW5 型转换开关。

图 13-7　常见行程开关

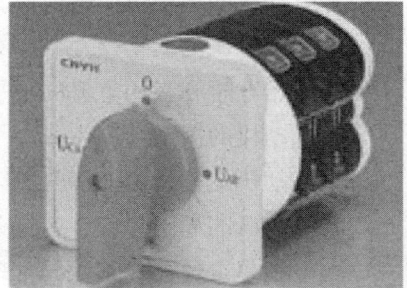

图 13-8　万能转换开关

4. 主令控制器

主令控制器（又称主令开关）主要用于电气传动装置中，按一定顺序分合触头，达到发布命令或其他控制线路联锁转换的目的。其中塔式起重机中的联动控制台就属于主令控制器，用来操作塔式起重机的回转、变幅、卷扬的动作，如图 13-9 所示。

图 13-9　联合控制台

13.3.2　空气断路器

低压空气断路器又称自动空气开关或空气开关，属开关电器，是用于当电路中发生过载、短路和欠压等不正常情况时自动分断电路的电器，也可用做不频繁地启动电动机或接通、分断电路，有万能式断路器、塑壳式断路器、微型断路器、漏电保护器等。如图 13-10 所示为几种常用断路器。

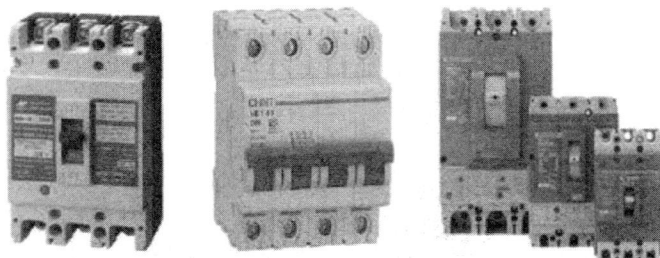

图 13-10　常用断路器

13.3.3　漏电保护器

漏电保护器是漏电电流动作保护的简称，它是空气断路器的一个重要分支，主要用于保护人身避免因漏电发生电击伤亡、防止因电气设备或线路漏电引起电气火灾事故。漏电保护器的动作电流值主要有 6mA、10mA、30mA、100mA、300mA、500mA、1A、2A、5A、10A、20A。安装在负荷端电器电路的漏电保护器，是考虑到漏电电流通过人体的影响，用于防止人为触电的漏电保护器，其动作电流不得大于 30mA，动作时间不得大于 0.1s。应用于潮湿场所的电气设备，应选用额定漏电动作电流不大于 15mA、额定漏电动作时间不大于 0.1s 的漏电保护器。

漏电保护器按结构和功能分为漏电开关、漏电断路器、漏电继电器、漏电保护插头和插座。漏电保护器按极数还可分为单极、二极、三极、四极等多种。

13.3.4　接触器

接触器用途广泛，是电力拖动和控制系统中应用最为广泛的一种电器，它可以频繁操作，远距离接触、断开主电路和大容量控制电路。接触器可分为交流接触器和直流接触器两大类。

接触器主要由电磁系统、触头系统、灭弧装置等几部分组成。交流接触器的交流线圈的额定电压有 380V、220V、48V 等多种。如图 13-11 所示是常用的接触器。

图 13-11　常用接触器

13.3.5　继电器

继电器是一种自动控制电器，在一定的输入参数下，它受输入端的影响而使输出参数有跳跃式的变化。常用的继电器有中间继电器、热继电器、延时继电器、温度继电器等。如图 13-12 所示为几种常用的继电器。

图 13-12　常用继电器

附录 A 《建筑施工特种作业人员管理规定》 (建质〔2008〕75号)

第一章 总 则

第一条 为加强对建筑施工特种作业人员的管理，防止和减少生产安全事故，根据《安全生产许可证条例》《建筑起重机械安全监督管理规定》等法规规章，制定本规定。

第二条 建筑施工特种作业人员的考核、发证、从业和监督管理，适用本规定。

本规定所称建筑施工特种作业人员是指在房屋建筑和市政工程施工活动中，从事可能对本人、他人及周围设备设施的安全造成重大危害作业的人员。

第三条 建筑施工特种作业包括：

（一）建筑电工；

（二）建筑架子工；

（三）建筑起重信号司索工；

（四）建筑起重机械司机；

（五）建筑起重机械安装拆卸工；

（六）高处作业吊篮安装拆卸工；

（七）经省级以上人民政府建设主管部门认定的其他特种作业。

第四条 建筑施工特种作业人员必须经建设主管部门考核合格，取得建筑施工特种作业人员操作资格证书（以下简称"资格证书"），方可上岗从事相应作业。

第五条 国务院建设主管部门负责全国建筑施工特种作业人员的监督管理工作。

省、自治区、直辖市人民政府建设主管部门负责本行政区域内建筑施工特种作业人员的监督管理工作。

第二章 考 核

第六条 建筑施工特种作业人员的考核发证工作，由省、自治区、直辖市人民政府建设主管部门或其委托的考核发证机构（以下简称"考核发证机关"）负责组织实施。

第七条 考核发证机关应当在办公场所公布建筑施工特种作业人员申请条件、申请程序、工作时限、收费依据和标准等事项。

考核发证机关应当在考核前在机关网站或新闻媒体上公布考核科目、考核地点、考核时间和监督电话等事项。

第八条 申请从事建筑施工特种作业的人员，应当具备下列基本条件：

（一）年满 18 周岁且符合相关工种规定的年龄要求；

（二）经医院体检合格且无妨碍从事相应特种作业的疾病和生理缺陷；

（三）初中及以上学历；

（四）符合相应特种作业需要的其他条件。

第九条 符合本规定第八条规定的人员应当向本人户籍所在地或者从业所在地考核发证机关提出申请，并提交相关证明材料。

第十条 考核发证机关应当自收到申请人提交的申请材料之日起 5 个工作日内依法作出受理或者不予受理决定。

对于受理的申请，考核发证机关应当及时向申请人核发准考证。

第十一条 建筑施工特种作业人员的考核内容应当包括安全技术理论和实际操作。考核大纲由国务院建设主管部门制定。

第十二条 考核发证机关应当自考核结束之日起 10 个工作日内公布考核成绩。

第十三条 考核发证机关对于考核合格的，应当自考核结果公布之日起 10 个工作日内颁发资格证书；对于考核不合格的，应当通知申请人并说明理由。

第十四条 资格证书应当采用国务院建设主管部门规定的统一样式，由考核发证机关编号后签发。资格证书在全国通用。

资格证书样式见附件一，编号规则见附件二。

第三章 从　业

第十五条 持有资格证书的人员，应当受聘于建筑施工企业或者建筑起重机械出租单位（以下简称用人单位），方可从事相应的特种作业。

第十六条 用人单位对于首次取得资格证书的人员，应当在其正式上岗前安排不少于 3 个月的实习操作。

第十七条 建筑施工特种作业人员应当严格按照安全技术标准、规范和规程进行作业，正确佩戴和使用安全防护用品，并按规定对作业工具和设备进行维护保养。

建筑施工特种作业人员应当参加年度安全教育培训或者继续教育，每年不得少于 24 小时。

第十八条 在施工中发生危及人身安全的紧急情况时，建筑施工特种作业人员有权立即停止作业或者撤离危险区域，并向施工现场专职安全生产管理人员和项目负责人报告。

第十九条 用人单位应当履行下列职责：

（一）与持有效资格证书的特种作业人员订立劳动合同；

（二）制定并落实本单位特种作业安全操作规程和有关安全管理制度；

（三）书面告知特种作业人员违章操作的危害；

（四）向特种作业人员提供齐全、合格的安全防护用品和安全的作业条件；

（五）按规定组织特种作业人员参加年度安全教育培训或者继续教育，培训时间不少于 24 小时；

（六）建立本单位特种作业人员管理档案；

（七）查处特种作业人员违章行为并记录在档；

（八）法律法规及有关规定明确的其他职责。

第二十条 任何单位和个人不得非法涂改、倒卖、出租、出借或者以其他形式转让资格证书。

第二十一条 建筑施工特种作业人员变动工作单位，任何单位和个人不得以任何理由非法扣押其资格证书。

第四章 延 期 复 核

第二十二条 资格证书有效期为两年。有效期满需要延期的，建筑施工特种作业人员应当于期满前 3 个月内向原考核发证机关申请办理延期复核手续。延期复核合格的，资格证书有效期延期 2 年。

第二十三条 建筑施工特种作业人员申请延期复核，应当提交下列材料：

（一）身份证（原件和复印件）；

（二）体检合格证明；

（三）年度安全教育培训证明或者继续教育证明；

（四）用人单位出具的特种作业人员管理档案记录；

（五）考核发证机关规定提交的其他资料。

第二十四条 建筑施工特种作业人员在资格证书有效期内，有下列情形之一的，延期复核结果为不合格：

（一）超过相关工种规定年龄要求的；

（二）身体健康状况不再适应相应特种作业岗位的；

（三）对生产安全事故负有责任的；

（四）2 年内违章操作记录达 3 次（含 3 次）以上的；

（五）未按规定参加年度安全教育培训或者继续教育的；

（六）考核发证机关规定的其他情形。

第二十五条 考核发证机关在收到建筑施工特种作业人员提交的延期复核资料后，应当根据以下情况分别作出处理：

（一）对于属于本规定第二十四条情形之一的，自收到延期复核资料之日起 5 个工作日内作出不予延期决定，并说明理由；

（二）对于提交资料齐全且无本规定第二十四条情形的，自受理之日起 10 个工作日内办理准予延期复核手续，并在证书上注明延期复核合格，并加盖延期复核专用章。

第二十六条　考核发证机关应当在资格证书有效期满前按本规定第二十五条作出决定；逾期未作出决定的，视为延期复核合格。

第五章　监　督　管　理

第二十七条　考核发证机关应当制定建筑施工特种作业人员考核发证管理制度，建立本地区建筑施工特种作业人员档案。

县级以上地方人民政府建设主管部门应当监督检查建筑施工特种作业人员从业活动，查处违章作业行为并记录在档。

第二十八条　考核发证机关应当在每年年底向国务院建设主管部门报送建筑施工特种作业人员考核发证和延期复核情况的年度统计信息资料。

第二十九条　有下列情形之一的，考核发证机关应当撤销资格证书：

（一）持证人弄虚作假骗取资格证书或者办理延期复核手续的；

（二）考核发证机关工作人员违法核发资格证书的；

（三）考核发证机关规定应当撤销资格证书的其他情形。

第三十条　有下列情形之一的，考核发证机关应当注销资格证书：

（一）依法不予延期的；

（二）持证人逾期未申请办理延期复核手续的；

（三）持证人死亡或者不具有完全民事行为能力的；

（四）考核发证机关规定应当注销的其他情形。

第六章　附　　则

第三十一条　省、自治区、直辖市人民政府建设主管部门可结合本地区实际情况制定实施细则，并报国务院建设主管部门备案。

第三十二条　本办法自 2008 年 6 月 1 日起施行。

附件一　建筑施工特种作业操作资格证书样式

1. 封皮采用深绿色塑料封皮对开，尺寸为 100mm×75mm。如下图：

<table>
<tr><td>建筑施工
特种作业操作资格证书</td><td>中华人民共和国住房和城乡建设部监制</td></tr>
<tr><td>（封皮正面）</td><td>（封皮背面）</td></tr>
</table>

2.特种作业操作资格证书正本及副本均采用纸质，正本加盖钢印和发证机关章后塑封，尺寸为 90mm×60mm。如下图：

(正本)   (副本)

附件二 建筑施工特种作业操作资格证书编号规则

1.建筑施工特种作业操作资格证书编号共十四位。其中：

（1）第一位为持证人所在省（市、自治区）简称，如山东省为"鲁"；

（2）第二位为持证人所在地设区市的英文代码，由各省自行确定；

（3）第三、四位为工种类别代码，用2个阿拉伯数字标注（工种类别代码表见表A）；

（4）第五至八位为发证年份，用4个阿拉伯数字标注；

（5）第九至十四位为证书序号，用6个阿拉伯数字标注，从000001开始。

2.示例：鲁 A012008000001

表示在山东济南的建筑电工，2008 年取得证书，证书序列号为000001。

3.工种类别代码表 A

序号	工种类别	代码	序号	工种类别	代码
1	建筑电工	01	4	建筑起重机械司机	04
2	建筑架子工	02	5	建筑起重机械安装拆卸工	05
3	建筑起重信号司索工	03	6	高处作业吊篮安装拆卸工	06

附录 B 《关于建筑施工特种作业人员考核工作的实施意见》（建办质〔2008〕41 号）

一、考核目的

为提高建筑施工特种作业人员的素质，防止和减少建筑施工生产安全事故，通过安全技术理论知识和安全操作技能考核，确保取得建筑施工特种作业操作资格证书人员具备独立从事相应特种作业工作能力。

二、考核机关

省、自治区、直辖市人民政府建设主管部门或其委托的考核机构负责本行政区域内建筑施工特种作业人员的考核工作。

三、考核对象

在房屋建筑和市政工程（以下简称"建筑工程"）施工现场从事建筑电工、建筑架子工、建筑起重信号司索工、建筑起重机械司机、建筑起重机械安装拆卸工、高处作业吊篮安装拆卸工以及经省级以上人民政府建设主管部门认定的其他特种作业的人员。

《建筑施工特种作业操作范围》见附件一。

四、考核条件

参加考核人员应当具备下列条件：

（一）年满 18 周岁且符合相应特种作业规定的年龄要求；

（二）近三个月内经二级乙等以上医院体检合格且无妨碍从事相应特种作业的疾病和生理缺陷；

（三）初中及以上学历；

（四）符合相应特种作业规定的其他条件。

五、考核内容

建筑施工特种作业人员考核内容应当包括安全技术理论和安全操作技能。《建筑施工特种作业人员安全技术考核大纲（试行）》见附件二。

考核内容分掌握、熟悉、了解三类。其中掌握即要求能运用相关特种作业知识解决实际问题，熟悉即要求能较深理解相关特种作业安全技术知识，了解即要求具有相关特种作业的基本知识。

六、考核办法

（一）安全技术理论考核，采用闭卷笔试方式。考核时间为 2 小时，实行百分制，60 分为合格。其中，安全生产基本知识占 25%、专业基础知识占 25%、专业技术理论

140

占 50%。

（二）安全操作技能考核，采用实际操作（或模拟操作）、口试等方式。考核实行百分制，70 分为合格。《建筑施工特种作业人员安全操作技能考核标准（试行）》见附件三。

（三）安全技术理论考核不合格的，不得参加安全操作技能考核。安全技术理论考试和实际操作技能考核均合格的，为考核合格。

七、其他事项

（一）考核发证机关应当建立健全建筑施工特种作业人员考核、发证及档案管理计算机信息系统，加强考核场地和考核人员队伍建设，注重实际操作考核质量。

（二）首次取得《建筑施工特种作业操作资格证书》的人员实习操作不得少于 3 个月。实习操作期间，用人单位应当指定专人指导和监督作业。指导人员应当从取得相应特种作业资格证书并从事相关工作 3 年以上、无不良记录的熟练工中选择。实习操作期满，经用人单位考核合格，方可独立作业。

附件一　建筑施工特种作业操作范围（略）

附件二　建筑施工特种作业人员安全技术考核大纲（试行）（略）

附件三　建筑施工特种作业人员安全操作技能考核标准（试行）（略）

中华人民共和国住房和城乡建设部办公厅

二〇〇八年七月十八日

附录 C 施工现场常用安全标志

禁止标志   表 1

编号	图形标志	名称	设置范围和地点
1		禁止吸烟	有甲、乙、丙类火灾危险物质的场所和禁止吸烟的公共场所,如:木工车间、油漆车间、沥青车间、纺织厂、印染厂等
2		禁止烟火	有甲、乙、丙类火灾危险物质的场所,如:面粉厂、煤粉厂、焦化厂、施工工地等
3		禁止带火种	有甲类火灾危险物质及其他禁止带火种的各种危险场所,如:炼油厂、乙炔站、液化石油气站、煤矿井内、林区、草原等
4		禁止使用水灭火	生产、储运、使用中有不准用水灭火的物质的场所,如:变压器室、乙炔站、化工药品库、各种油库等
5		禁止放置易燃物	具有明火设备或高温的作业场所,如:动火区,各种焊接、切割、锻造、浇注车间等场所
6		禁止堆放	消防器材存放处、消防通道及车间主通道等

编号	图形标志	名称	设置范围和地点
7		禁止启动	暂停使用的设备附近,如:设备检修、更换零件等
8		禁止合闸	设备或线路检修时,相应开关附近
9		禁止转动	检修或专人定时操作的设备附近
10		禁止叉车和厂内机动车辆通行	禁止叉车和其他厂内机动车辆通行的场所
11		禁止乘人	乘人易造成伤害的设施,如:室外运输吊篮、外操作载货电梯框架等
12		禁止靠近	不允许靠近的危险区域,如:高压试验区、高压线、输变电设备的附近
13		禁止入内	易造成事故或对人员有伤害的场所,如:高压设备室、各种污染源等入口处

编号	图形标志	名称	设置范围和地点
14		禁止推动	易于倾倒的装置或设备，如：车站屏蔽门等
15		禁止停留	对人员具有直接危害的场所，如：粉碎场地、危险路口、桥口等处
16		禁止通行	有危险的作业区，如：起重、爆破现场，道路施工工地等
17		禁止跨越	不宜跨越的危险地段，如：专用的运输通道、带式输送机和其他作业流水线，作业现场的沟、坎、坑等
18		禁止攀登	不允许攀爬的危险地点，如：有坍塌危险的建筑物、构筑物、设备旁
19		禁止跳下	不允许跳下的危险地点，如：深沟、深池、车站站台及盛装过有毒物质、易产生窒息气体的槽车、贮罐、地窖等处
20		禁止伸出窗外	易于造成头、手伤害的部位或场所，如：公交车窗、火车车窗等

续表

编号	图形标志	名称	设置范围和地点
21		禁止倚靠	不能倚靠的地点或部位，如：列车车门、站台屏蔽门、电梯轿门等
22		禁止坐卧	高温、腐蚀性、坍塌、坠落、翻转、易损等易于造成人员伤害的设备设施表面
23		禁止蹬踏	高温、腐蚀性、坍塌、坠落、翻转、易损等易于造成人员伤害的设备设施表面
24		禁止触摸	禁止触摸的设备或物体附近，如：裸露的带电体，炽热物体，具有毒性、腐蚀性物体等处
25		禁止伸入	易于夹住身体部位的装置或场所，如：有开口的转动机、破碎机等
26		禁止饮用	不宜饮用水的开关处，如：循环水、工业用水、污染水等
27		禁止抛物	抛物易伤人的地点，如：高处作业现场、深沟（坑）等

续表

编号	图形标志	名称	设置范围和地点
28		禁止戴手套	戴手套易造成手部伤害的作业地点，如：旋转的机械加工设备附近
29		禁止穿化纤衣物	有静电火花会导致灾害或有炽热物质的作业场所，如：冶炼、焊接及有易燃易爆物质的场所等
30		禁止穿带钉鞋	有静电火花会导致灾害或有触电危险的作业场所，如：有易燃易爆气体或粉尘的车间及带电作业场所
31		禁止开启无线移动通信设备	火灾、爆炸场所以及可能产生电磁干扰的场所，如：加油站、飞行中的航天器、油库、化工装置区等
32		禁止携带金属物或手表	易受到金属物品干扰的微波和电磁场所，如磁共振室等
33		禁止佩戴心脏起搏器者靠近	安装人工起搏器者禁止靠近高压设备、大型电机、发电机、电动机、雷达和有强磁场设备等
34		禁止植入金属材料者靠近	易受到金属物品干扰的微波和电磁场所，如：磁共振室等

续表

编号	图形标志	名称	设置范围和地点
35		禁止游泳	禁止游泳的水域
36		禁止滑冰	禁止滑冰的场所
37		禁止携带武器及仿真武器	不能携带和托运武器、凶器及仿真武器的场所或交通工具，如：飞机等
38		禁止携带托运易燃及易爆物品	不能携带和托运易燃、易爆物品及其他危险品的场所或交通工具，如：火车、飞机、地铁等
39		禁止携带托运有毒有害液体	不能携带托运有毒物品及有害液体的场所或交通工具，如：火车、飞机、地铁等
40		禁止携带托运放射性及磁性物品	不能携带托运放射性及磁性物品的场所或交通工具，如：火车、飞机、地铁等

警告标志　　　　　　　　　　　　　　　　　　　　　　　表 2

编号	图形标志	名称	设置范围和地点
1		注意安全	易造成人员伤害的场所及设备等
2		当心火灾	易发生火灾的危险场所，如：可燃性物质的生产、储运、使用等地点
3		当心爆炸	易发生爆炸危险的场所，如易燃易爆物质的生产、储运、使用或受压容器等地点
4		当心腐蚀	有腐蚀性物质（GB 12268—2012 中第 8 类所规定的物质）的作业地点
5		当心中毒	剧毒品及有毒物质（GB 12268—2012 中第 6 类第 1 项所规定的物质）的生产、储运及使用场所
6		当心感染	易发生感染的场所，如：医院传染病区，有害生物制品的生产、运输、使用等地点
7		当心触电	有可能发生触电危险的电器设备和线路，如：配电室、开关等

续表

编号	图形标志	名称	设置范围和地点
8		当心电缆	在暴露的电缆或地面下有电缆处施工的地点
9		当心自动启动	配有自动装置的设备
10		当心机械伤人	易发生机械卷入、轧压、碾压、剪切等机械伤害的作业地点
11		当心塌方	有塌方危险的地段、地区，如：堤坝及土方作业的深坑、深槽等
12		当心冒顶	具有冒顶危险的作业场所，如：矿井、隧道等
13		当心坑洞	具有坑洞易造成伤害的作业地点，如：构件的预留孔洞及各种深坑的上方等
14		当心落物	易发生落物危险的地点，如：高处作业、立体交叉作业的下方等

编号	图形标志	名称	设置范围和地点
15		当心吊物	有吊装设备作业的场所，如：施工工地、港口、码头、仓库、车间等
16		当心碰头	有产生碰头的场所
17		当心挤压	有产生挤压的装置、设备或场所，如：自动门、电梯门、车站屏蔽门等
18		当心烫伤	具有热源易造成伤害的作业地点，如：冶炼、锻造、铸造、热处理车间等
19		当心伤手	易造成手部伤害的作业地点，如：玻璃制品、木质加工、机械加工车间等
20		当心夹手	有产生挤压的装置、设备或场所，如：自动门、电梯门、列车车门等
21		当心扎脚	易造成脚部伤害的作业地点，如：铸造车间、木工车间、施工工地及有尖角散料等处

续表

编号	图形标志	名称	设置范围和地点
22		当心有犬	有犬类作为保卫的场所
23		当心弧光	由于弧光造成眼部伤害的各种焊接作业场所
24		当心高温表面	有灼烫物体表面的场所
25		当心低温	易于导致冻伤的场所，如：冷库、汽化器表面、存在液化气体的场所等
26		当心磁场	有磁场的区域或场所，如：高压变压器、电磁测量仪器附近等
27		当心电离辐射	能产生电离辐射危害的作业场所，如：生产、储运、使用 GB 12268—2012 规定的第 7 类物质的作业区
28		当心裂变物质	具有裂变物质的作业场所，如：其使用车间、储运仓库、容器等

编号	图形标志	名称	设置范围和地点
29		当心激光	有激光产品和生产、使用、维修激光产品的场所
30		当心微波	凡微波场强超过 GB 10436、GB 10437 规定的作业场所
31		当心叉车	有叉车通行的场所
32		当心车辆	厂内车、人混合行走的路段,道路的拐角处、平交路口;车辆出入较多的厂房、车库等出入口处
33		当心火车	厂内铁路与道路平交路口,厂(矿)内铁路运输线等
34		当心坠落	易发生坠落事故的作业地点,如:脚手架、高处平台、地面的深沟(池、槽)、建筑施工、高处作业场所等
35		当心障碍物	地面有障碍物,绊倒易造成伤害的地点

编号	图形标志	名称	设置范围和地点
36		当心跌落	易于跌落的地点，如：楼梯、台阶等
37		当心滑倒	地面有易造成伤害的滑跌地点，如：地面有油、冰、水等物质及滑坡处
38		当心落水	落水后可能产生淹溺的场所或部位，如：城市河流、消防水池等
39		当心缝隙	有缝隙的装置、设备或场所，如：自动门、电梯门、列车等

指令标志 表3

编号	图形标志	名称	设置范围和地点
1		必须戴防护眼镜	对眼睛有伤害的各种作业场所和施工场所
2		必须佩戴遮光护目镜	存在紫外、红外、激光等光辐射的场所，如：电气焊等
3		必须佩戴防尘口罩	具有粉尘的作业场所，如：纺织清花车间、粉状物料拌料车间以及矿山凿岩处等

续表

编号	图形标志	名称	设置范围和地点
4		必须佩戴防毒面具	具有对人体有害的气体、气溶胶、烟尘等作业场所，如：有毒物质散发的地点或处理毒物造成的事故现场
5		必须佩戴护耳器	噪声超过85dB的作业场所，如：铆接车间、织布车间、射击场、工程爆破、风动掘进等处
6		必须佩戴安全帽	头部易受外力伤害的工作场所，如：矿山、建筑工地、伐木场、造船厂及起重吊装处等
7		必须佩戴防护帽	易造成人体碾绕伤害或有粉尘污染头部的作业场所，如：纺织、石棉、玻璃纤维以及具有旋转设备的机加工车间等
8		必须系安全带	易发生坠落危险的作业场所，如：高处建筑、修理、安装等地点
9		必须穿救生衣	易发生溺水的作业场所，如：船舶、海上工程结构物等
10		必须穿防护服	具有放射、微波、高温及其他需穿防护服的作业场所

编号	图形标志	名称	设置范围和地点
11		必须戴防护手套	易伤害手部的作业场所，如：具有腐蚀、污染、灼烫、冰冻及触电等危险的作业地点
12		必须穿防护鞋	易伤害脚部的作业场所，如：具有腐蚀、灼烫、触电、砸（刺）伤等危险的作业地点
13		必须洗手	接触有毒有害物质作业后
14		必须加锁	剧毒物品、危险品库房等地点
15		必须接地	防雷、防静电场所
16		必须拔出插头	在设备维修、故障、长期停用、无人值守状态下

提示标志 表4

编号	图形标志	名称	设置范围和地点
1		紧急出口	便于安全疏散的紧急出口处，与方向箭头结合设在紧急出口的通道、楼梯口等处
2		避险处	铁路桥、公路桥、矿井及隧道内躲避危险的地点
3		应急避难场所	在发生突发事件时用于容纳危险区域内疏散人员的场所，如：公园、广场等
4		可动火区	经有关部门划定的可使用明火的地点
5		击碎板面	必须击开板面才能获得出口
6		急救点	设置现场急救仪器设备及药品的地点

编号	图形标志	名称	设置范围和地点
7		应急电话	安装应急电话的地点
8		紧急医疗站	有医生的医疗救助场所

模　拟　练　习

一、判断题

1. 我国的安全生产工作方针是"安全第一，预防为主"。

【答案】错误

【解析】2005年在中央印发的《中共中央关于制定国民经济和社会发展第十一个五年规划的建议》中，又将我国安全生产工作方针补充为"安全第一，预防为主，综合治理"，俗称为"安全生产十二字方针"。

2. 安全生产，是指为了防止在生产过程中发生人身伤亡、财产损失等事故，而采取的消除或控制危险和有害因素，保障人身安全和健康、设备和设施免遭损坏、环境免遭破坏的一系列措施和活动，既包括对劳动者的保护，也包括对生产、财物、环境的保护，目的是保障生产活动正常进行。

【答案】正确

3. 建筑施工因其相对固定而具有单一性的特点。

【答案】错误

【解析】建筑产品的使用功能、外观形状各异，即使同一类的工程，也是千差万别的，因而建筑产品具有多样性的特点。

4. 我国《宪法》规定："国家通过各种途径，创造劳动就业条件，加强劳动保护，改善劳动条件，并在发展生产的基础上，提高劳动报酬和福利待遇。"这是对安全生产方面最高法律效力的规定。

【答案】正确

5. 从法律效力上讲，行政法规的效力仅次于宪法，高于法律和地方性法规。

【答案】错误

【解析】从法律效力上讲，行政法规的效力仅次于法律。

6. 《建筑法》规定，建筑施工企业必须为从事危险作业的职工办理意外伤害保险，支付保险费。

【答案】错误

【解析】《建筑法》规定，鼓励建筑施工企业为从事危险作业的职工办理意外伤害保险，支付保险费。

7. 安全生产最大的问题之一，是安全生产投入不足。

【答案】正确

8. 教育培训不到位是造成建筑施工事故多发的一个重要原因。

【答案】正确

9. 特种作业人员取得建筑施工特种作业操作资格证书后，即可独立上岗作业。

【答案】错误

【解析】《安全生产法》规定："生产经营单位的特种作业人员必须按照国家有关规定经专门的安全作业培训，取得特种作业操作资格证书，方可上岗操作。"

10. 宪法是国家法律体系的基础和核心，具有最高法律效力。

【答案】正确

11. 对作业人员提出的安全生产检举、控告等，有关部门和单位应当压制和打击报复。

【答案】错误

【解析】施工从业人员具有对安全生产工作中存在的问题提出批评、检举和控告的权利。

12. 施工单位应当参加工伤保险，为本单位部分职工缴纳工伤保险费。

【答案】错误

【解析】《建筑法》规定，施工单位应当为本单位职工办理工伤保险，缴纳保险费。

13. 发现事故隐患或者其他不安全因素时，应当事不关己高高挂起。

【答案】错误

【解析】发现事故隐患或者其他不安全因素时，应当立即向本单位负责人报告。

14. 特种作业人员上岗前必须接受安全操作技能培训，是国家法律强制培训要求。

【答案】正确

15. 特种作业人员应当与用人单位订立劳动合同。

【答案】正确

16. 建筑施工企业必须建立班前安全活动制度。

【答案】正确

17. 没有施工单位技术负责人签字，安全专项施工方案应不能实施。

【答案】正确

18. 特种作业是指生产过程中容易发生人员伤亡事故，对操作者本人、他人及周围设施的安全有重大危害的作业。

【答案】正确

19. 建筑焊接切割作业不属于建筑施工特种作业管理。

【答案】错误

【解析】山东省将建筑焊接切割作业纳入建筑施工特种作业管理。

20. 悬挂安全带应低挂高用，不得高挂低用。

【答案】错误

【解析】悬挂安全带应高挂低用，不得低挂高用。

21. 建筑施工的高处作业主要包括临边及洞口作业、攀登及悬空作业和操作平台及交叉作业等。

【答案】正确

22. 临边防护用的栏杆是由栏杆立柱和上下两道横杆组成的，上横杆称为扶手。上杆离地高度为 1.0～1.2m，下杆离地高度为 0.5～0.6m。临边作业的防护栏杆应能承受 1000N 的外力撞击。当横杆长度大于 2m 时，应当加设栏杆立柱。

【答案】正确

23. 碘钨灯及钠、铊、铟等金属卤化物灯具的安装高度宜在 3m 以上。

【答案】正确

24. 施工现场用电与一般工业或居民生活用电相比具有临时性、流动性和危险性。

【答案】正确

25. 水是一种常用的灭火剂。

【答案】正确

26. 水不能用于扑救带电设备的火灾。

【答案】正确

27. 安全色中，红色表示警告。

【答案】错误

【解析】红色表示禁止。

28. 安全色中，黄色表示禁止。

【答案】错误

【解析】黄色表示警告。

29. 安全标志分为禁止标志、警告标志、指令标志和提示标志四类。

【答案】正确

30. 施工单位应当根据工程项目的规模、施工现场的环境、工程结构形式以及设备、机具的位置等情况，确定危险部位，有针对性地设置安全标志。

【答案】正确

31. 现场急救，一般按照环境评估、伤情评判、打开气道和人工循环程序进行。

【答案】错误

【解析】现场急救，一般按照环境评估、伤情评判、打开气道、人工呼吸和人工循环程序进行。

32. 发现有人触电时，应立即断开电源开关或拔出插头，若一时无法找到并断开电源开关时，可用绝缘物将电线移开，使触电者脱离电源。必要时可用绝缘工具切断电源。如果触电者在高处，要采取防坠落措施，防止触电者脱离电源后摔伤。

【答案】正确

33. 当发生火灾时，应奋力将火灾控制、扑灭。

【答案】错误

【解析】当发生火灾时，应奋力将小火控制、扑灭；千万不要惊慌失措，置小火于不顾而酿成大灾。

34. 高处坠落事故是指由于电流流经人体导致的生理伤害。

【答案】错误

【解析】指由于危险重力势能差引起的伤害事故。

35. 坍塌事故是指建筑物、构筑物、堆置物等倒塌以及土石塌方引起的事故。

【答案】正确

36. 在力学中，把力的大小、方向和作用时间称为力的三个要素。

【答案】错误

【解析】在力学中，把力的大小、方向和作用点称为力的三要素。

37. 在国际计量单位制中，力的单位用牛顿或千牛顿，简写为牛（N）或千牛（kN）。

【答案】正确

38. 要使物体在两个力的作用下保持平衡的条件是：这两个力大小相等，方向相反，且作用在同一直线上。

【答案】正确

39. 矢量和标量的根本区别在于它们遵从不同的运算法则：矢量用代数法，而标量用平行四边形法则或三角形法则。

【答案】错误

【解析】矢量和标量的根本区别在于它们遵从不同的运算法则：矢量用平行四边形法则或三角形法则；而标量用代数法。

40. 合力可以大于等于两力中的任一个力，也可以小于任一个力。当两力大小一定时，合力随两力夹角的增大而减小，随两力夹角的减小而增大。

【答案】正确

41. 力的分解是力的合成的逆过程，不遵循平行四边形法则。

【答案】错误

【解析】力的分解是力的合成的逆过程，也同样遵循平行四边形法则。

42. 电流不但有方向，而且有大小；大小和方向不随时间变化的电流，称为交流电，用字母"DC"或"—"表示。

【答案】错误

【解析】电流不但有方向，而且有大小。大小和方向都不随时间变化的电流，称为直流电，用字母"DC"或"—"表示；大小和方向随时间变化的电流，称为交流电，用字母"AC"或"～"表示。

43. 测量电压大小的仪表叫电压表，分直流电压表和交流电压表两类。

【答案】正确

44. 在温度不变时，导体的电阻与导体的长度成正比，和导体的横截面积成正比。

【答案】错误

【解析】当温度不变时，导体的电阻与导体的长度成正比，与导体的横截面积成反比。

45. 电路中电流依次通过每一个组成元件的电路称为并联电路；所有负载（电源）的输入端和输出端分别被连接在一起的电路称为串联电路。

【答案】错误

【解析】电流依次通过每一个组成元件的电路，称为串联电路；所有负载（电源）的输入端和输出端分别被连接在一起的电路，称为并联电路。

46. 电压和电流的大小及方向随时间变化的电路，叫交流电路；电压和电流的大小及方向不随时间变化的电路，叫直流电路。

【答案】正确

47. 电源两端的导线因某种事故未经过负载而直接连通时称为开路。

【答案】错误

【解析】电源两端的导线因某种事故未经过负载而直接连通时称为短路。

48. 在导体的两端加上电压，导体内就产生了电流。电场力推动自由电子定向移动所做的功，通常称为电流所做的功或称为电功。

【答案】正确

49. 机器和机构的区别是机器的主要功用在于传递或转变运动的形式，而机构的主要功用是为了利用机械能做功或能量转换。

【答案】错误

【解析】机构和机器的区别是机构的主要功用在于传递或转变运动的形式，而机器的主要功用是为了利用机械能做功或能量转换。

50. 高副是指两构件之间作面接触的运动副；低副是两构件之间作点或线接触的运动副。

【答案】错误

【解析】高副是指两构件之间做点或线接触的运动副。低副是指两构件之间做面接触的运动副。

51. 蜗杆传动由蜗杆和蜗轮组成，传递两交错轴之间的运动和动力，一般以蜗杆为主动件，蜗轮为从动件。

【答案】正确

二、单选题

1. 安全投入是安全生产的基本保障，它包括人力、财力和（ ）的投入。

A. 体力   B. 智力   C. 物力   D. 精力

【答案】C

【解析】安全投入是安全生产的基本保障，它包括人力、财力和物力的投入。安全生产最大的问题之一，是安全生产投入不足。

2. （ ）不属于建筑施工作业的特点。

A. 露天作业、交叉作业多   B. 高温作业多

C. 高处作业多   D. 手工操作多

【答案】B

【解析】建筑施工作业具有露天作业、高处作业多、体力劳动多、手工操作多、交叉作业多的特点。

3. 事故是指造成死亡、疾病、（ ）和伤害的意外事件，是生产生活中，突然发生的负面事件。

A. 战争   B. 自然灾害   C. 危险   D. 损坏

答案：D

【解析】事故是指造成死亡、伤害、疾病、损坏或者其他损失的意外事件，是发生在人们的生产、生活活动中，突然发生的、违反人们意志的负面事件。

4. 事故隐患泛指生产系统中存在的导致事故发生的人的不安全行为、管理上的缺陷以及（ ）。

A. 高强度体育锻炼   B. 物的不安全状态

C. 开会时间太长   D. 思想上的忽视

【答案】B

【解析】事故隐患泛指生产系统中存在的、导致事故发生的人的不安全行为、物的不安全状态以及管理上的缺陷。

5. 法律是指（ ）按照法定程序制定的规范性文件。

A. 全国人大及其常委会   B. 国务院

C. 各级人大   D. 各级人民政府

【答案】A

【解析】狭义地讲，我国法律是指全国人民代表大会及其常务委员会按照法定程序制定的规范性文件，其法律地位和效力仅次于宪法，是行政法规、地方法规、行政规章的立法依据和基础。

6. 下列属于国家标准的是（　　）。

A.《建筑施工扣件式钢管脚手架安全技术规范》JGJ 130—2011

B.《施工现场临时用电安全技术规范（附条文说明)》JGJ 46—2005

C.《施工现场机械设备检查技术规程》JGJ 160—2016

D.《塔式起重机安全规程》GB 5144—2006

【答案】D

【解析】国家标准用 GB 表示。

7.《安全生产许可证条例》规定对矿山企业、（　　）和危险化学品、烟花爆竹、民用爆破器材生产企业实行安全生产许可制度。

A. 建筑施工企业　　　B. 交通运输业　　　C. 餐饮业　　　D. 服务业

【答案】A

【解析】《安全生产许可证条例》确立了企业安全生产的准入制度，对矿山企业、建筑施工企业和危险化学品、烟花爆竹、民用爆破器材生产企业实行安全生产许可制度。

8. 从业人员不服从管理，违反安全生产规章制度、操作规程和劳动纪律，冒险作业的，由单位给予批评教育和处分；造成（　　）或者其他严重后果，依法追究其法律责任。

A. 人员伤亡　　　B. 责任事故　　　C. 严重后果　　　D. 重大伤亡事故

【答案】B

【解析】法律规定，从业人员不服从管理，违反安全生产规章制度、操作规程和劳动纪律，冒险作业的，由单位给予批评教育和处分；造成重大伤亡事故或者其他严重后果，依法追究其法律责任。

9. 根据《刑法》，作业人员在生产、作业中违反有关安全管理的规定，因而发生重大伤亡事故或者造成其他严重后果的，处 3 年以下有期徒刑或者拘役；情节特别恶劣的，处（　　）有期徒刑。

A. 3 年以上 7 年以下　　　　　　B. 5 年以上 10 年以下

C. 3 年以上 5 年以下　　　　　　D. 5 年以上

【答案】A

【解析】《刑法》规定，作业人员在生产、作业中违反有关安全管理的规定，因而发生重大伤亡事故或者造成其他严重后果的，处 3 年以下有期徒刑或者拘役；情节特别恶劣的，处 3 年以上 7 年以下有期徒刑。

10. 根据《刑法》，强令他人违章冒险作业，因而发生重大伤亡事故或者造成其他严重后果的，处 5 年以下有期徒刑或者拘役；情节特别恶劣的，处（　　）有期徒刑。

A. 3 年以上 7 年以下　　　　　　B. 5 年以上 10 年以下

C. 3 年以上 5 年以下　　　　　　　　　　　D. 5 年以上

【答案】D

【解析】《刑法》规定：强令他人违章冒险作业，因而发生重大伤亡事故或者造成其他严重后果的，处 5 年以下有期徒刑或者拘役；情节特别恶劣的，处 5 年以上有期徒刑。

11. 新进场的特种作业人员必须接受"三级"安全教育培训。所谓"三级"是指，公司级安全教育、项目级安全教育和(　　　)安全教育。

A. 市级　　　　　　B. 班组级　　　　　　C. 国家级　　　　　　D. 省级

【答案】B

【解析】新进场的特种作业人员必须接受"三级"安全教育培训。所谓"三级"是指，公司级安全教育、项目级安全教育和班组级安全教育。

12. 特种作业人员应参加年度安全教育培训，培训时间不少于(　　　)学时。

A. 12　　　　　　　B. 36　　　　　　　C. 24　　　　　　　D. 48

【答案】C

【解析】特种作业人员应参加年度安全教育培训，培训时间不少于 24 学时。其教育培训情况记入个人工作档案。安全生产教育培训考核不合格的人员，不得上岗。

13. 建筑施工特种作业人员考核内容，包括(　　　)等。

A. 安全技术理论和实际操作技能　　　　B. 安全技术理论

C. 实际操作技能　　　　　　　　　　　D. 自学能力

【答案】A

【解析】建筑施工特种作业人员考核内容，包括安全技术理论和实际操作技能等。

14. 公司级安全教育，由企业安全教育部门实施，下列(　　　)不属于公司教育内容。

A. 国家和地方有关安全生产方面的方针、政策及法律法规

B. 施工安全、职业健康和劳动保护的基本知识

C. 建筑施工人员安全生产方面的权利和义务

D. 工程概况、施工现场作业环境和施工安全特点

【答案】D

【解析】工程概况、施工现场作业环境和施工安全特点属于项目级安全教育的内容。

15. 下列不属于从事建筑施工特种作业人员应当具备的条件的是(　　　)。

A. 年满 18 周岁且符合相关工种规定的年龄要求

B. 工作认真负责、身体健康，无妨碍从事本特种作业工种的疾病和生理缺陷

C. 大专及以上学历，具有本特种作业工种所需要的文化程度和安全、技术知识及

实践经验

D. 接受专门安全操作知识培训，经建设主管部门考核合格，取得建筑施工特种作业操作资格证

【答案】C

【解析】初中及以上学历即符合要求。

16. 建筑施工特种作业操作资格证书有效期满需要延期的，持证人应当于期满前（　　）内向原考核发证机关申请办理延期复核手续。

A. 一个月　　　　　　B. 三个月　　　　　　C. 半年　　　　　　D. 一年

【答案】B

【解析】建筑施工特种作业操作资格证书有效期满需要延期的，持证人应当于期满前三个月内向原考核发证机关申请办理延期复核手续。

17. 特种作业操作资格证书延期复核不合格的情况不包括（　　）。

A. 两年内违章操作记录达 5 次以上（含 5 次）的

B. 超过相关工种规定年龄要求的

C. 身体健康状况不再适应相应特种作业岗位的

D. 对生产安全事故负有责任的

【答案】A

【解析】两年内违章操作记录达 3 次以上（含 3 次）的即为不合格。

18. 下列（　　）不属于考核发证机关将撤销资格证书的情形。

A. 持证人弄虚作假骗取资格证书或者办理延期复核手续的

B. 考核发证机关工作人员违反规定程序核发操作资格证书的

C. 考核发证机关工作人员对不具备申请资格或者不符合规定条件的申请人核发操作资格证书的

D. 依法不予延期的

【答案】D

【解析】"依法不予延期"是考核发证机关注销资格证书的情形。

19. 属于防护头部安全防护用品的是（　　）。

A. 安全帽、工作帽　　　　　　　　B. 护目镜、防护罩

C. 防护手套、绝缘鞋　　　　　　　D. 耳塞、耳罩

【答案】A

【解析】根据防护用品的使用部位，安全帽和工作帽属于头部防护用品，护目镜、防护罩属于眼、面部防护类，耳塞、耳罩和防噪声帽属于听觉、耳部防护类，绝缘手套属于手部防护类，绝缘鞋属于部防护类。

20. 下列是关于防护用品的阐述，最正确的是（　　）。

A. 建筑施工企业必须根据作业人员的施工环境、作业需要配发安全防护用品

B. 建筑施工企业必须根据作业人员的施工环境、作业需要，按照规定配发安全防护用品并监督其正确佩戴使用

C. 建筑施工企业必须根据作业人员的施工环境、作业需要，按照规定配发安全防护用品

D. 建筑施工企业配发的安全防护用品必须由职工支付购置费用

【答案】B

【解析】A项和C项表述不准确，安全防护用品的发放和管理，坚持"谁用工，谁负责"的原则。施工作业人员所在施工单位必须按国家规定免费发放安全防护用品，更换已损坏或已到使用期限的安全防护用品，不得收取或变相收取任何费用。安全防护用品必须以实物形式发放，不得以货币或其他物品替代，所以D项错误。

21. 下列是关于防护用品使用的阐述，不正确的是（　　）。

A. 施工现场的作业人员必须戴安全帽、穿工作鞋和工作服

B. 特殊情况下不戴安全帽时，长发者从事机械作业必须戴工作帽

C. 处于无可靠安全防护设施的高处作业，必须系安全带

D. 从事脚手架作业，操作人员必须穿灵便、紧口工作服、系带的高腰皮革防滑鞋，戴工作手套，高处作业时，必须系安全带

【答案】D

【解析】从事脚手架作业，操作人员必须穿灵便、紧口工作服，系带的高腰布面胶底防滑鞋，戴工作手套；高处作业时，必须系安全带。

22. 下列是关于防护用品发放的阐述，不正确的是（　　）。

A. 安全防护用品的发放和管理，坚持"谁用工，谁负责"的原则

B. 施工作业人员所在按国家规定免费发放安全防护用品

C. 施工单位必须更换已损坏或已到使用期限的安全防护用品

D. 安全防护用品可以以货币发放

【答案】D

【解析】安全防护用品必须以实物形式发放，不得以货币或其他物品替代。

23. 下列是关于高处作业的阐述，不正确的是（　　）。

A. 坠落高度越高，坠落时的冲击能量越大，造成的伤害越大，危险性也越大

B. 坠落高度越高，坠落半径也越大，坠落时的影响范围也越大

C. 作业高度大多在3m以上时，才属于高处作业

D. 高处作业无可靠防坠落措施时，必须系安全带

【答案】C

【解析】凡在坠落高度基准面2m以上（含2m）有可能坠落的高处进行的作业，均

167

称为高处作业。

24. 按照《高处作业分级》的规定，高处作业分为四个级别，不正确的是（   ）。

A. 一级高处作业，坠落高度在 2.5～5m

B. 二级高处作业，坠落高度在 5～15m

C. 三级高处作业，坠落高度在 15～30m

D. 四级高处作业，坠落高度大于 30m

【答案】A

【解析】一级高处作业，坠落高度在 2～5m。

25. 下列是关于坠落半径的阐述，不正确的是（   ）。

A. 在坠落半径内的工棚、设备和人员不需采取防护措施

B. 坠落半径的大小取决于作业现场的地形、地势以及坠落高度

C. 一级高处作业的坠落半径为 3m

D. 四级高处作业的坠落半径≥6m

【答案】A

【解析】在坠落半径内的工棚、设备和人员应当采取防护措施，防止落物击砸。

26. 下列不属于高处作业管理措施的一项是（   ）。

A. 从事架体搭设、起重机械拆装等高处作业的人员应取得特种作业人员操作资格证书

B. 因作业需临时拆除安全防护设施时，必须经有关负责人同意并采取相应的可靠措施，作业后应立即恢复

C. 遇有六级以上强风、浓雾等恶劣气候，不得进行露天高处作业

D. 设置防护栏杆

【答案】D

【解析】设置安全防护设施，如防护栏杆、挡脚板、洞口的封口盖板、临时脚手架和平台、扶梯、防护棚（隔离棚）、安全网等属于高处作业技术措施。

27. 临边作业的主要防护设施是（   ）。

A. 防护栏杆和安全网   B. 安全帽

C. 安全带   D. 防滑鞋

【答案】A

【解析】临边作业的主要防护设施是防护栏杆和安全网。

28. 下面是关于水平洞口防护的阐述，不正确的是（   ）。

A. 水平面上的洞口，应按口径大小设置不同的封口盖板

B. 25～50cm 的较小洞口、安装预制件的临时洞口，一般可不防护

C. 50～150cm 较大的洞口，可用钢管扣件设置的网格或钢筋焊接成的网格封口，

格距不大于 20cm，然后盖上竹、木盖板

D. 边长大于 150cm 的大洞口应在四周设置防护栏杆，并在洞口下方设置安全平网

【答案】B

【解析】25～50cm 的为较小洞口。

29. 对 1kV 以下外电线路来讲，最小安全操作距离为(　　)。

A. 4m　　　　　　B. 6m　　　　　　C. 8m　　　　　　D. 10m

【答案】A

【解析】

外电线路电压（kV）	<1	1～10	35～110	154～220	330～500
最小安全操作距离（m）	4	6	8	10	15

30. 下列是关于配电箱使用的阐述，不正确的一项是(　　)。

A. 总配电箱中必须装设漏电保护器，开关箱中可以根据情况装设漏电保护器

B. 每台用电设备必须有各自专用的开关箱

C. 对配电箱、开关箱进行定期维修、检查时，必须将其前一级相应的电源隔离开关分闸断电，并悬挂"禁止合闸、有人工作"停电标志牌

D. 施工现场停止作业 1 小时以上时，应将开关箱断电上锁

【答案】B

【解析】开关箱中也应装设漏电保护器。

31. 下列是关于施工现场照明器具使用的阐述，不正确的一项是(　　)。

A. 照明灯具的金属外壳必须与 PE 线相连接，照明开关箱内必须装设隔离开关、短路与过载保护电器和漏电保护器

B. 行灯使用的电源电压不应大于 36V

C. 聚光灯、碘钨灯等高热灯具与易燃物距离不宜小于 500mm，且不得直接照射易燃物

D. 不得在宿舍内乱拉乱接电源，职工个人可以更换熔丝或者以其他金属丝代替熔丝

【答案】D

【解析】不得在宿舍内乱拉乱接电源，非专职电工不得更换熔丝，不得以其他金属丝代替熔丝。

32. 我国火警电话号码为(　　)。

A. 120　　　　　　B. 119　　　　　　C. 911　　　　　　D. 315

【答案】B

【解析】120 为急救电话，315 为消费者投诉电话。

33. 下列是关于灭火剂的使用阐述，不正确的一项是(　　)。

A. BC 类干粉，适用于扑救易燃气体、液体和电气设备的火灾

B. ABCD 类干粉，适用于扑救多种火灾

C. 泡沫灭火器不能扑救带电设备和醇、酮、酯、醚等有机溶剂的火灾

D. 二氧化碳灭火剂可以扑救金属钾、钠、镁和铝等物质的火灾

【答案】D

【解析】由于二氧化碳具有不导电、不含水分、不污损仪器设备等优点，因此适用于扑救电气设备、精密仪器和图书档案等火灾。但是由于二氧化碳与一些金属化合时，金属能夺取二氧化碳中的氧气而继续燃烧，因此二氧化碳不能扑救金属钾、钠、镁和铝等物质的火灾。

34. 在施工现场入口处宜设置（　　）等指令标志。

A. 必须戴安全帽　　　　　　　　B. 禁止吸烟

C. 当心触电　　　　　　　　　　D. 禁止通行

【答案】A

【解析】安全标志的类型、数量应当根据危险部位的性质不同，设置不同的安全警示标志，在施工现场入口处设置必须戴安全帽等指令标志。

35. 下列属于警告标志的选项是（　　）。

A. 禁止合闸　　　　　　　　　　B. 紧急出口

C. 当心落物　　　　　　　　　　D. 必须加锁

【答案】C

【解析】"禁止合闸"属于禁止标志，"紧急出口"属于提示标志，"必须加锁"属于指令标志。

36. 下列属于禁止标志的选项是（　　）。

A. 禁止乘人　　　　　　　　　　B. 注意安全

C. 当心火灾　　　　　　　　　　D. 必须戴安全帽

【答案】A

【解析】"必须戴安全帽"属于指令标志，"注意安全""当心火灾"属于警告标志。

37. 下列关于环境评估表述错误的是（　　）。

A. 首先确认环境有无危害急救者及伤病者的危险因素，确保自己及伤病者的安全

B. 有危险因素时应首先将其排除，无法排除时应呼救待援，不要随意进入事故现场

C. 先在伤病者耳边大声呼唤，再轻拍其肩、臂，以试其反应；如没有反应，则可判定伤病者已经丧失意识

D. 确认现场无危险因素后应迅速进入现场检查伤者的伤情

【答案】C

【解析】C项属于伤情评判。

38. 下列不属于中毒急救原则的是（　　　）。

A. 确保救护者自身安全

B. 昏迷伤病者置于复苏体位，按照环境评估、伤情评判、打开气道、人工呼吸、人工循环的顺序实施救护

C. 减少毒素吸收，搬离污染现场，脱去污染衣物，用大量清水冲洗被污染皮肤，勿让伤病者进食

D. 申请急救医疗服务时，保护患者隐私

【答案】D

【解析】申请急救医疗服务时，提供患者年龄及性别、毒品名称及剂量、中毒时间、曾否呕吐、清醒程度等情况。

39. 下面是关于事故现场应急处理的阐述，不正确的选项是（　　　）。

A. 事故发生单位负责人接到事故报告后，应当立即启动事故相应应急预案，或者采取有效措施，组织抢救，防止事故扩大，减少人员伤亡和财产损失

B. 事故救援时应当妥善保护事故现场以及相关证据，任何单位和个人不得破坏事故现场、毁灭相关证据

C. 事故救援时，因抢救人员、防止事故扩大以及疏通交通等原因，需要移动事故现场物件的，应当做出标志，绘制现场简图并做出书面记录，妥善保存现场重要痕迹、物证，有条件的可以拍照或录像

D. 事故救援时，应当先救领导

【答案】D

【解析】ABC三项均属于事故现场应急处理方式。

40. 根据《企业职工伤亡事故调查分析规则》规定，属于事故间接原因的选项是（　　　）。

A. 机械、物质的不安全状态　　　　B. 环境的不安全状态

C. 人的不安全行为　　　　D. 教育培训不够

【答案】D

【解析】机械、物质的不安全状态、环境的不安全状态和人的不安全行为属于事故直接原因。

41. 事故发生后，事故现场有关人员应当立即向施工单位负责人报告；施工单位负责人接到报告后，应当于（　　　）内向事故发生地县级以上人民政府建设主管部门和有关部门报告。

A. 立即　　　　B. 1小时　　　　C. 2小时　　　　D. 12小时

【答案】B

【解析】施工单位负责人接到报告后，应当于 1 小时内向事故发生地县级以上人民政府建设主管部门和有关部门报告。

42. 下列关于电压的表述不正确的是(　　)。

A. 电压是指电路中（或电场中）任意两点之间的电位差

B. 高压：指电气设备对地电压在 220V 以上

C. 电压按等级划分为高压、低压和安全电压

D. 安全电压有五个等级：42V、36V、24V、12V、6V

【答案】B

【解析】高压：指电气设备对地电压在 250V 以上，低压：指电气设备对地电压为 250V 以下。

43. 漏电保护器的使用是防止(　　)。

A. 触电事故　　　　　　　　　　B. 电压波动

C. 电荷超负荷　　　　　　　　　D. 电流通过

【答案】A

【解析】漏电保护器是漏电电流动作保护的简称，它是空气断路器的一个重要分支，主要用于保护人身避免因漏电发生电击伤亡、防止因电气设备或线路漏电引起电气火灾事故。

44. 下列关于电路的表述不正确的是(　　)。

A. 电路正常工作状态为开路

B. 按照负载的连接方式，电路可分为串联电路和并联电路

C. 按照电流的性质，电路可分为交流电路和直流电路

D. 电路一般由电源、负载、导线和控制器件四个基本部分组成

【答案】A

【解析】电路正常工作状态为通路。

45. 使用电气设备时，由于维护不及时，当(　　)进入时，可导致短路事故。

A. 导电粉尘或纤维　　　　　　　B. 强光辐射

C. 热气　　　　　　　　　　　　D. 空气

【答案】A

【解析】当导电粉尘或纤维进入时，可导致短路事故。

46. 下列有关使用漏电保护器的说法正确的是(　　)。

A. 漏电保护器按极数还可分为一极、二极、三极、四极等多种

B. 漏电保护器按结构和功能分为漏电开关、漏电断路器和漏电继电器

C. 漏电保护器是漏电电流动作保护的简称，它是空气断路器的一个重要分支

D. 应用于潮湿场所的电气设备，应选用额定漏电动作电流不大于 15mA、额定漏

电动作时间不大于 1s 的漏电保护器

【答案】C

【解析】漏电保护器按极数还可分为单极、二极、三极、四极等多种，漏电保护器按结构和功能分为漏电开关、漏电断路器、漏电继电器、漏电保护插头和插座，应用于潮湿场所的电气设备，应选用额定漏电动作电流不大于 15mA、额定漏电动作时间不大于 0.1s 的漏电保护器。

47. 下列关于交流电动机表述不正确的是(　　)。

A. 交流电动机分为异步电动机和同步电动机

B. 电扇、洗衣机、电冰箱、空调应用的是三相异步电动机

C. 电动机出厂时，在机座上都有一块铭牌，上面标有该电机的型号、规格和有关数据

D. 施工现场使用的施工升降机、塔式起重机的行走、变幅、起升、回转机构都采用三相异步电动机

【答案】B

【解析】单相异步电动机主要用于电扇、洗衣机、电冰箱、空调、排风扇、木工机械及小型电钻等。

48. 带传动的带在带轮上的包角一般不允许(　　)。

A. 大于 120°　　　　　　　　　　B. 小于 120°

C. 等于 120°　　　　　　　　　　D. 等于 100°

【答案】B

【解析】带传动的带在带轮上的包角不允许小于 120°。

49. 机器在运转过程中如要降低其运转速度或使其停止运转时，常采用(　　)。

A. 制动器　　　　B. 联轴器　　　　C. 离合器　　　　D. 分离器

【答案】A

【解析】制动器是用于机构或机器减速或使其停止的装置，是各类起重机械不可缺少的组成部分，它既是起重机的控制装置，又是安全装置。其工作原理是：制动器摩擦副中的一组与固定机架相连，另一组与机构转动轴相连。当摩擦副接触压紧时，产生制动作用；当摩擦副分离时，制动作用解除，机构可以运动。

50. 滚动轴承组成的运动副属于(　　)。

A. 转动副　　　　B. 移动副　　　　C. 螺旋副　　　　D. 高副

【答案】D

【解析】高副是指两构件之间做点或线接触的运动副，按两构件的相对运动情况，可分为：滚轮副：如由滚轮和轨道之间组成的运动副；凸轮副：如凸轮与从动杆组成的运动副；齿轮副：如两齿轮轮齿的啮合组成的运动副。

51. 单缸内燃机中，活塞与连杆之间的连接属于(　　)。

A. 移动副　　　　B. 转动副　　　　C. 螺旋副　　　　D. 高副

【答案】B

【解析】转动副是指两构件在接触处只允许做相对转动；移动副是指两构件在接触处只允许做相对移动；螺旋副是指两构件在接触处只允许做一定关系的转动和移动的复合运动。

52. 半圆键多用于(　　)连接。

A. 锥形轴辅助性　　　　　　　　　　B. 变载、冲击性

C. 传递转矩较大　　　　　　　　　　D. 轴端

【答案】B

【解析】半圆键连接能自动适应零件轮毂槽底的倾斜，使键受力均匀，主要用于轴端传递转矩不大的场合。

53. 在带传动中，若带速超过允值，带传动能力(　　)。

A. 升高　　　　B. 降低　　　　C. 不变　　　　D. 不确定

【答案】B

【解析】在带传动中，若带速超过允值，带传动能力降低。

54. 下列关于力的要素的表述不正确的是(　　)。

A. 三要素中任何一个要素改变，都会使力的作用效果改变

B. 力的大小表明物体间作用力的强弱程度

C. 力的方向表明在该力的作用下静止的物体开始运动的方向，作用力的方向不同物体运动的方向也不同

D. 力是矢量，虽有具有大小，但无方向

【答案】D

【解析】力是矢量，具有大小和方向。

55. 下列关于力的单位的换算表述不正确的是(　　)。

A. 1牛顿(N)＝0.102公斤力(kgf)

B. 1吨力(tf)＝1000公斤力(kgf)

C. 1公斤力(kgf)≈1牛(N)

D. 1千克力(kgf)＝1公斤力(kgf)＝9.804牛(N)≈10牛(N)

【答案】C

【解析】1千克力(kgf)＝1公斤力(kgf)＝9.804牛(N)≈10牛(N)。

56. 下列关于力的表述不正确的是(　　)。

A. 手拉弹簧，当手给弹簧一个力为T，则弹簧给手的反作用力为－T

B. 力是物体间的相互作用，因此它们必是成对出现的

C. T 和－T 大小相等，方向相反，且作用在同一直线上

D. 作用力与反作用力分别作用在两个物体上，可以看成是两个平衡力而相互抵消

【答案】D

【解析】作用力与反作用力分别作用在两个物体上，不能看成是两个平衡力而相互抵消。

57. 下列关于力的分解的表述不正确的是(　　　)。

A. 由一个已知力求解它的分力叫力的分解

B. 力的分解是力的合成的逆过程，也同样遵循平行四边形法则

C. 力的分解是唯一的，而力的合成则可能多解

D. 把力沿着相互垂直的两个方向分解叫正交分解

【答案】C

【解析】力的合成是唯一的，而力的分解则可能多解。

58. 物体的运动不包括哪种状态(　　　)。

A. 稳定　　　　　　B. 基本稳定　　　　C. 不稳定　　　　　D. 倾覆

【答案】B

【解析】一般物体的运动有四种基本状态，即稳定、稳定平衡、不稳定和倾覆。

三、多选题

1. 安全生产要素包括(　　　)。

A. 安全文化　　　　　　　　　　B. 安全法制

C. 安全责任　　　　　　　　　　D. 安全投入

E. 安全科技

【答案】ABCDE

【解析】安全文化也即安全意识，是安全生产工作的永恒主题；安全法制是用法律法规来规范企业和员工的安全行为；安全责任是建立安全生产责任制，明确企业、部门、政府的安全生产责任，建立一套行之有效的考核、奖罚制度；安全投入是安全生产的基本保障，它包括人力、财力和物力的投入；安全科技是运用先进的科技手段提高安全生产监控和防护水平。

2. 安全生产工作应当坚持的原则包括(　　　)。

A. "一票否决"原则　　　　　　　B. "两管五同时"原则

C. "三同时"原则　　　　　　　　D. "四不放过"原则

E. "三同步"原则

【答案】ABCDE

【解析】"一票否决"原则是指生产必须安全，不得从事没有安全保障的生产；"两管五同时"原则是指安全与生产是一个有机的整体，"管生产必须管安全"，即所谓

"两管"；在计划、布置、检查、总结和评比生产工作的时候，同时计划、布置、检查、总结和评比安全工作，即所谓"五同时"；"三同时"原则是指生产经营单位新建、改建、扩建工程项目的安全设施，必须与主体工程同时设计、同时施工、同时投入生产和使用；"四不放过"原则是指生产安全事故的调查处理必须坚持事故原因没有查清不放过、事故责任者没有严肃处理不放过、广大群众没有受到教育不放过、防范措施没有落实不放过的原则；"三同步"原则是指安全生产须与生产经营单位的经济发展、机构改革和技术改造同步规划、同步组织实施、同步运作投产。

3. 我国的安全生产法规已初步形成一个以宪法为依据，以《安全生产法》为主体，包括（   ）的综合体系。

A. 法律   B. 行政法规

C. 地方法规   D. 行政规章

E. 技术标准

【答案】ABCDE

【解析】目前，我国的安全生产法规已初步形成一个以宪法为依据，以《安全生产法》为主体，由有关法律、行政法规、地方法规、行政规章和技术标准所组成的综合体系。

4. 地方性法规由（   ）制定。

A. 省、自治区、直辖市的人民代表大会及其常务委员会

B. 较大的市的人民代表大会及其常务委员会

C. 省、自治区、直辖市的人民政府

D. 较大的市的人民政府

E. 设区的市的人民代表大会及其常务委员会

【答案】ABE

【解析】地方性法规由省、自治区、直辖市的人民代表大会及其常务委员会根据本行政区域的具体情况和实际需要，在不与宪法、法律、行政法规相抵触的前提下，制定的仅适用于本行政区域内的规范性文件；较大的市（指省、自治区的人民政府所在地的市，经济特区所在地的市和经国务院批准的较大的市）的人民代表大会及其常务委员会根据本市的实际情况和实际需要，在不与宪法、法律、行政法规和本省、自治区的地方性法规相抵触的前提下，制定的仅适用于本行政区域内的规范性文件；设区的市的人民代表大会及其常务委员会根据所在地的市的具体情况和实际需要，在不同宪法、法律、行政法规和本省、自治区的地方性法规相抵触的前提下，可以对城乡建设与管理、环境保护、历史文化保护等方面的事项制定地方性法规。

5. 目前我国颁布的涉及建筑安全生产的法规主要有（   ）等。

A. 《建设工程安全生产管理条例》   B. 《特种设备安全监察条例》

C. 《安全生产许可证条例》　　　　　　D. 《道路交通管理条例》

E. 《物业管理条例》

【答案】ABC

【解析】《建设工程安全生产管理条例》《特种设备安全监察条例》《安全生产许可证条例》是由国务院颁布施行的涉及安全生产的重要法规，其内容对安全生产做出了细致的规定，对指导实践具有重要意义。

6. 下列属于地方性法规的有（　　　）。

A. 《山东省建筑市场条例》

B. 《山东省建设工程勘察设计管理条例》

C. 《山东省消防条例》

D. 《北京市绿化条例》

E. 《山东省安全生产管理条例》

【答案】ABCDE

【解析】五部法规均由各地方人民政府制定，属于地方性法规。

7. 在我国技术标准分为（　　　）等四个等级。

A. 国家标准　　　　　　　　　　　　B. 行业标准

C. 地方标准　　　　　　　　　　　　D. 企业标准

E. 协会标准

【答案】ABCD

【解析】技术标准分为国家标准（GB）、行业标准、地方标准（DB）和企业标准（QB）等四个等级。国家标准、行业标准分为强制性标准和推荐性标准。保障人体健康，人身、财产安全的标准和法律、行政法规规定强制执行的标准是强制性标准。

8. 施工单位的从业人员的安全生产义务包括（　　　）。

A. 遵守有关安全生产的法律、法规和规章的义务

B. 遵守安全施工的强制性标准、本单位的规章制度和操作规程的义务

C. 正确使用安全防护用具、机械设备的义务

D. 接受安全生产教育培训，掌握所从事工作应具备的安全生产知识的义务

E. 发现事故隐患或者其他不安全因素，立即报告的义务

【答案】ABCDE

【解析】施工单位的从业人员在享有安全生产保障权利的同时，也必须履行相应的安全生产方面的义务：遵守有关安全生产的法律、法规和规章的义务、遵守安全施工的强制性标准、本单位的规章制度和操作规程的义务、正确使用安全防护用具、机械设备的义务、接受安全生产教育培训，掌握所从事工作应具备的安全生产知识的义务以及发现事故隐患或者其他不安全因素立即报告的义务。

9.《建设工程安全生产管理条例》规定了（　　）单位以及其他与建设工程安全生产有关的单位应承担的相应安全生产责任。

A. 建设 　　　　　　　　　　　　B. 勘察设计

C. 保险 　　　　　　　　　　　　D. 施工

E. 工程监理

【答案】ABDE

【解析】《建设工程安全生产管理条例》规定了建设单位、勘察单位、设计单位、施工单位、工程监理单位以及设备材料供应单位、机械设备租赁单位，以及起重机械和整体提升脚手架、模板等自升式架设设施的安装、拆卸单位等与建设工程安全生产有关的单位应承担的相应安全生产责任。

10.《建设工程安全生产管理条例》中涉及施工企业的安全生产制度有（　　），以及生产安全事故应急救援制度等。

A. 安全生产责任制度 　　　　　　B. 安全生产教育培训制度

C. 专项施工方案专家论证审查制度 　D. 施工现场消防安全责任制度

E. 意外伤害保险制度

【答案】ABCDE

【解析】《建设工程安全生产管理条例》确立了建设工程安全生产的十三项基本管理制度。其中，涉及政府部门的安全生产监管制度有七项：依法批准开工报告的建设工程和拆除工程备案制度，三类人员考核任职制度，特种作业人员持证上岗制度，施工起重机械使用登记制度，政府安全监督检查制度，危及施工安全工艺、设备、材料淘汰制度和生产安全事故报告制度。涉及施工企业的安全生产制度有六项，即安全生产责任制度、安全生产教育培训制度、专项施工方案专家论证审查制度、施工现场消防安全责任制度、意外伤害保险制度和生产安全事故应急救援制度。

11.《山东省建筑施工特种作业人员安全技术考核标准（试行）》（鲁建管发质〔2009〕4号），规定了我省建筑施工特种作业人员安全技术考核的（　　）等。

A. 条件 　　　　　　　　　　　　B. 内容

C. 方法 　　　　　　　　　　　　D. 评分标准

E. 使用的教材

【答案】ABCD

【解析】2009年4月8日，山东省建筑工程管理局以鲁建管发质〔2009〕4号文印发了《山东省建筑施工特种作业人员安全技术考核标准（试行）》。该标准规定了山东省建筑施工特种作业人员安全技术考核的条件、内容、方法和评分标准等。

12. 特种作业人员上岗前必须接受培训。其中，安全技术理论包括（　　）等。

A. 政治经济学 　　　　　　　　　B. 专业基础知识

C. 实际操作能力   D. 专业技术理论

E. 安全生产基本知识

【答案】BDE

【解析】安全技术理论包括专业基础知识、专业技术理论和安全生产基本知识。

13. 以下（   ）脚手架工程应当编制安全专项施工方案。

A. 落地式钢管   B. 附着升降

C. 悬挑式   D. 新型及异型

E. 以上部分不需要

【答案】ABCD

【解析】落地式钢管、附着升降、悬挑式、新型及异型脚手架工程都应当编制安全专项施工方案。

14. 建筑施工安全专项方案主要应包括以下（   ）内容等。

A. 工程概况   B. 编制依据

C. 施工工艺技术   D. 劳动力计划

E. 计算书

【答案】ABCDE

【解析】建筑施工安全专项方案主要应包括工程概况、编制依据、施工工艺技术、劳动力计划、计算书等。

15. 专项方案应当由施工单位技术部门组织本单位施工（   ）等部门进行审核。

A. 技术   B. 生活

C. 预算   D. 安全

E. 质量

【答案】ADE

【解析】专项方案应当由施工单位技术部门组织本单位施工技术、安全、质量等部门进行审核。

16. 施工前，施工单位的技术人员应当将（   ）向施工作业班组、作业人员进行安全技术交底。

A. 工程项目概况   B. 分部工程概况

C. 天气情况   D. 安全技术措施要求

E. 分项工程概况

【答案】ABDE

【解析】施工前，施工单位的技术人员应当将工程项目概况、分部工程概况、安全技术措施要求以及分项工程概况向施工作业班组、作业人员进行安全技术交底。

17. 下列（   ）属于对安全技术交底的要求。

A. 施工单位负责项目管理的技术人员向施工班组长、作业人员进行交底

B. 必须具体、明确，针对性强

C. 各工种的安全技术交底一般与分部分项安全技术交底同步进行

D. 对工艺复杂、施工难度较大、作业条件危险的，应当单独进行各工种的安全技术交底

E. 交接底应当采用书面形式．交接底双方应当签字确认

【答案】ABCDE

【解析】以上五项都属于对安全技术交底的要求。

18. 特种作业主要包括( )。

A. 电工作业   B. 金属焊接切割作业

C. 起重机械作业   D. 企业内机动车辆驾驶

E. 锅炉作业

【答案】ABCDE

【解析】特种作业主要包括电工作业、金属焊接切割作业、起重机械作业、企业内机动车辆驾驶、登高架设作业、锅炉作业、压力容器操作、制冷作业、爆破作业、矿山通风作业、矿山排水作业，以及由省、自治区、直辖市有关部门提出并经国务院有关部门批准的其他作业。

19. 建筑施工特种作业主要包括( )。

A. 建筑电工作业   B. 建筑起重信号司索作业

C. 建筑起重机械安装拆卸作业   D. 建筑起重机械司机作业

E. 高处作业吊篮安装拆卸作业

【答案】ABCDE

【解析】建筑施工现场虽然有厂内机动车辆驾驶和爆破等特种作业，但目前暂未纳入建设主管部门管理。山东省将建筑焊接切割作业纳入建筑施工特种作业管理。

20. 安全帽主要由( )组成。

A. 塑料   B. 帽壳

C. 帽衬   D. 下颏带

E. 附件

【答案】BCDE

【解析】安全帽是指对人头部受坠落物及其他特定因素引起的伤害起防护作用的帽，由帽壳、帽衬、下颏带和附件组成。

21. 下列是关于安全带使用的阐述，正确的有( )。

A. 佩戴安全带时，要束紧腰带，腰扣组件必须系紧系正

B. 不得将绳打结使用，也不得将钩直接挂在安全绳上使用

C. 禁止将安全带挂在移动、带尖锐棱角或不牢固的物件上

D. 使用 3m 及以上的长绳时，必须加上缓冲器、自锁器或防坠器等

E. 安全带应两年抽验一次，频繁使用应经常进行外观检查，发现异常必须立即更换

【答案】ABCDE

【解析】以上五项均为安全带的正确使用方式。

22. 直接引起高处坠落的客观危险因素大致有(   )。

A. 风力 5 级（风速 8.0m/s）以上阵风   B. 平均气温等于或低于 5℃ 的作业环境

C. 存在冰、雪、霜、水、油等易滑物   D. 光线不足，能见度差

E. 超强度体力劳动

【答案】ABCDE

【解析】以上五项均属于直接引起高处坠落的客观危险因素。

23. 下列属于高处作业技术措施的有(   )。

A. 设置安全防护设施

B. 禁止酒后上岗作业

C. 设置足够的照明

D. 穿防滑鞋，正确佩戴和使用安全帽、安全带等安全防护用具

E. 高处作业周边部位设置警示标志，夜间挂有红色警示灯

【答案】ACDE

【解析】高处作业技术措施包括：（1）设置安全防护设施，如防护栏杆、挡脚板、洞口的封口盖板、临时脚手架和平台、扶梯、防护棚（隔离棚）、安全网等；（2）设置通讯装置，如为塔机司机配备对讲机；（3）高处作业周边部位设置警示标志，夜间挂有红色警示灯；（4）设置足够的照明；（5）穿防滑鞋，正确佩戴和使用安全帽、安全带等安全防护用具；（6）设置供作业人员上下的扶梯和斜道。

24. 洞口作业的防护措施，主要有(   )等方式。

A. 设置封口盖板   B. 设置防护栏杆

C. 设置栅门、格栅   D. 架设安全网

E. 设置卸料平台

【答案】ABCD

【解析】洞口作业的防护措施，主要有设置封口盖板、防护栏杆、栅门、格栅及架设安全网等方式。

25. 下面是关于施工现场临时用电系统特点的阐述，正确的选项有(   )。

A. 采用三级配电系统   B. 采用 380V 电源供电

C. 采用二级漏电保护系统   D. 采用"一机一箱"制

E. 采用 TN-S 接零保护系统

【答案】ACDE

【解析】B 项不属于施工现场临时用电系统的特点。

26. 下面是关于施工中遇到外电线路和配电线路安全要求，正确的选项有（　　）。

A. 不得在外电架空线路正下方搭设作业棚、建造生活设施或堆放料具等

B. 严禁操作起重机越过无防护设施的外电架空线路作业

C. 电缆线路必须采用电缆埋地方式引入在建工程内，严禁穿越脚手架引入

D. 室内明敷主干电线距地面高度不得小于 2.5m

E. 搬运较长的金属物体，如钢筋、钢管等材料时，不得碰触到电线

【答案】ABCDE

【解析】以上五项均为施工中遇到外电线路和配电线路安全要求。

27. 施工现场的配电箱包括（　　）等三种。

A. 电机组 B. 总配电箱（配电柜）

C. 变电室 D. 分配电箱

E. 开关箱

【答案】BDE

【解析】施工现场的配电箱包括总配电箱（配电柜）、分配电箱和开关箱三种。总配电箱和分配电箱是电源与用电设备之间的中枢环节，开关箱是配电系统的末端，是直接控制用电设备的装置，也是作业人员经常操作的。

28. 动火证必须注明（　　）。没经过审批的，一律不得实施明火作业。

A. 动火地点 B. 动火时间

C. 动火人 D. 现场监护人、批准人

E. 防火措施

【答案】ABCDE

【解析】动火证必须注明动火地点、动火时间、动火人、现场监护人、批准人以及防火措施。

29. 一级动火区域，也称为禁火区域。下列场所属一级动火区域的有（　　）。

A. 在生产或者贮存易燃易爆物品场区内进行施工作业

B. 周围存在生产或贮存易燃易爆品的场所，在防火安全距离范围内进行施工作业

C. 施工现场内贮存易燃易爆危险物品的仓库、库区

D. 施工现场木工作业区，木器原料、成品堆放区

E. 在密闭的室内、容器内、地下室等场所进行配制或者调和易燃易爆液体和涂刷油漆等作业

【答案】ABCDE

【解析】以上五项均属于一级动火区域。

30. 下列是关于失火后的处理措施的阐述，其中正确的选项有(　　)。

A. 火警电话拨通后，要尽量讲清起火详细地址、火灾的程度以及着火的周边环境等情况

B. 报警后，要尽量迅速地清理通往火场的道路，以便消防车能顺利迅速地进入扑救现场

C. "先控制，后消灭"，是火灾处置的一项基本原则

D. "救财重于救火"，也是火灾处置的一项基本原则

E. 报警后，应派人在起火地点的附近路口或单位门口迎候消防车辆

【答案】ABCE

【解析】救人重于救火才是火灾处置的基本原则。

31. 下列(　　)选项属于火灾处置基本要点。

A. 立即报告。无论在任何时间、地点，一旦发现起火都要立即报告

B. 集中力量。集中灭火力量在火势蔓延的主要方向进行扑救以控制火势蔓延

C. 消灭飞火。组织人力及时扑灭未燃尽飞火

D. 疏散物料。将受到火势威胁的物料转移到安全地带，阻止火势蔓延

E. 积极抢救被困人员。由熟悉情况的人做向导，积极寻找和抢救被围困的人员

【答案】ABCDE

【解析】以上五项均属于火灾处置基本要点。

32. 安全标志分为(　　)4类。

A. 通行标志   B. 禁止标志

C. 警告标志   D. 指令标志

E. 提示标志

【答案】BCDE

【解析】安全标志分为禁止标志、警告标志、指令标志和提示标志四类。

33. 根据《安全色》GB 2893—2008 规定，安全色分为(　　)4种颜色。

A. 红   B. 黄

C. 橙   D. 蓝

E. 绿

【答案】ABDE

【解析】安全色分为红、黄、蓝、绿四种颜色，分别表示禁止、警告、指令和提示。

34. 现场急救，一般按照"环境评估、伤情评判、打开气道、人工呼吸、人工循环"程序进行。下面的阐述正确的是(　　)。

A. 环境评估，即对环境存在的危险因素进行观察和评估

B. 伤情评判，即对伤者的伤害程度进行检查评判

C. 打开气道，防止因意识丧失舌后坠而堵塞气道，造成呼吸障碍甚至窒息，一般情况下，可使用压额提颏法打开气道，如果怀疑系颈椎损伤，则应用改良推颌法打开气道

D. 人工呼吸，先检查，如果无正常呼吸，应当高声呼救，并立即施行人工呼吸

E. 人工循环，即胸外心脏按压，有严重出血的伤病者，应立即止血

【答案】ABCDE

【解析】以上表述均正确。

35. 下面是关于触电救助阐述，正确的是( )。

A. 对于触电者来讲，拖延时间、动作迟缓或救护不当，都可能造成死亡

B. 发现有人触电时，应立即设法切断电源，或者移开电线

C. 对于神志清醒的伤者，应使其就地安静休息，减轻心脏负担，加快恢复

D. 对于呼吸、心跳尚存在，但神志昏迷的伤者，应将病人仰卧，严密观察，做好人工呼吸和心脏按压的准备工作

E. 救助方法有口对口人工呼吸法、体外心脏按压法及同时进行人工呼吸和体外心脏按压法

【答案】ABCDE

【解析】以上救助方法均正确。

36. 根据《企业职工伤亡事故分类》GB 6441—1986，可将伤亡事故分为( )3种类型。

A. 轻伤 B. 重伤

C. 死亡 D. 烧伤

E. 烫伤

【答案】ABC

【解析】根据《企业职工伤亡事故分类》GB 6441—1986，可将伤亡事故分为死亡、重伤、轻伤3种类型。

37. 力的三个要素包括( )。

A. 力的大小 B. 力的长度

C. 力的方向 D. 力的作用点

E. 以上说法都对

【答案】ACD

【解析】力作用在物体上，使物体产生预想的效果，这种效果不但与力的大小有关，而且与力的方向和作用点有关。在力学中，把力的大小、方向和作用点称为力的

三要素。

38. 下面是物体的变形的有（　　）。

A. 拉伸 　　　　　　　　　　 B. 压缩

C. 剪切 　　　　　　　　　　 D. 弯曲

E. 移动

【答案】ABCD

【解析】物体（构件或材料）在受到外力作用后就要发生变形，但是，外力可以用各种不同的方式作用在物体上，因此，物体由于外力所引起的变形形式也就不同。变形的基本形式可以分为拉伸、压缩、剪切、弯曲和扭转。

39. 一般物体的运动都存在（　　）等四种基本状态。

A. 稳定状态 　　　　　　　　 B. 稳定平衡状态

C. 不稳定状态 　　　　　　　 D. 倾覆状态

E. 运动

【答案】ABCD

【解析】一般物体的运动有四种基本状态，即稳定、稳定平衡、不稳定和倾覆。

40. 下面是安全电压的是（　　）。

A. 48V 　　　　　　　　　　 B. 42V

C. 36V 　　　　　　　　　　 D. 24V

E. 以上说法都对

【答案】BCD

【解析】安全电压有五个等级：42V、36V、24V、12V、6V。

41. 电路的状态有（　　）。

A. 开路 　　　　　　　　　　 B. 并联

C. 短路 　　　　　　　　　　 D. 串联

E. 以上说法都对

【答案】AC

【解析】电路的状态有通路、开路和短路三种。

42. 下面运动副是低副的是（　　）。

A. 转动副 　　　　　　　　　 B. 移动副

C. 齿轮副 　　　　　　　　　 D. 滚轮副

E. 以上说法都对

【答案】AB

【解析】低副是指两构件之间做面接触的运动副。按两构件的相对运动情况，可分为：转动副、移动副和螺旋副。

43. 齿轮传动按润滑方式不同可分为（　　　）。

A. 开式　　　　　　　　　　　　　B. 半开式

C. 闭式　　　　　　　　　　　　　D. 半闭式

E. 以上说法都对

【答案】ABC

【解析】按润滑方式不同，可分为开式、半开式和闭式三种。

44. 带轮由（　　　）三部分组成。

A. 轮轴　　　　　　　　　　　　　B. 轮缘

C. 轮毂　　　　　　　　　　　　　D. 轮辐

E. 以上说法都对

【答案】BCD

【解析】带轮由轮缘、轮毂和轮辐三部分组成。

45. 根据构造不同，制动器可分为（　　　）三类。

A. 块式制动器　　　　　　　　　　B. 摩擦式制动器

C. 盘式与锥式制动器　　　　　　　D. 带式制动器

E. 移动式制动器

【答案】ACD

【解析】根据构造不同，制动器可分为以下三类：带式制动器、块式制动器和盘式与锥式制动器。

四、案例题

1. A 施工单位的施工现场发生安全事故，电工甲违规操作，导致现场多人发生触电事故，造成多人人身伤害，影响工程进度。关于特种作业人员的部分管理规定体现在以下题目中。

（1）判断题

1）施工单位应当书面告知作业人员危险岗位的操作规程和违章操作的危害。

【答案】正确

2）向作业人员提供安全防护用具和安全防护服装，是施工单位的一项法定义务。

【答案】正确

（2）单选题

1）建筑施工作业人员在安全生产方面享有的权利不包括（　　　）。

A. 获得安全防护用具和安全防护服装的权利

B. 了解危险岗位的操作规程和违章操作的危害

C. 现场紧急撤人避险权利

D. 正确使用安全防护用具、机械设备

【答案】D

2)《安全生产法》规定：生产经营单位的特种作业人员必须按照国家有关规定经专门的安全作业培训，取得(   )，方可上岗操作。

A. 安全证书   B. 特种作业操作资格证书

C. 技术操作证书   D. 培训结业证书

【答案】B

（3）多选题

项目级安全教育，由工程项目部组织实施，下列(   )属于项目级安全教育内容。

A. 施工现场安全生产和文明施工规章制度

B. 机械设备、电气安全及高处作业的安全基本知识

C. 常用劳动防护用品佩戴、使用的基本知识

D. 危险源、重大危险源的辨识和安全防范措施

E. 生产安全事故发生时自救、排险、抢救伤员、保护现场和报告等应急措施

【答案】ABCDE

2. 乙是 B 施工企业的一名焊接工，由于其操作资格证书到期，B 企业要求乙停止工作，乙对此置之不理，既没有申请延期也没有停止工作，B 企业强制停止乙的工作，双方为此发生纠纷，对于特种作业人员操作资格的部分内容体现在以下题目中。

（1）判断题

1) 特种作业人员逾期未申请办理证书延期复核手续的，操作证书继续有效。

【答案】错误

2) 特种作业操作资格证书可以借与他人使用。

【答案】错误

（2）单选题

1) 建筑施工特种作业操作资格证书有效期为(   )年。

A. 3   B. 4   C. 1   D. 2

【答案】D

2) 首次取得建筑施工特种作业操作资格证书的人员实习操作不得少于(   )才可独立上岗作业。

A. 一个月   B. 两个月   C. 三个月   D. 四个月

【答案】C

（3）多选题

建筑施工特种作业人员在资格证书有效期内，有下列(   )情形之一的，延期复核结果为不合格。

A. 超过相关工种规定年龄要求的

B. 身体健康状况不再适应相应特种作业岗位的

C. 对生产安全事故负有责任的

D. 两年内违章操作记录达 3 次以上的

E. 未按规定参加年度安全教育培训或者继续教育的

【答案】ABCDE

3. C 市对该市施工单位的安全防护措施进行检查，通过检查，该市 D 施工单位的安全防护措施非常到位，被评为模范单位，并为其他施工单位提供可借鉴的经验。关于防护用品管理及使用的部分规定体现在以下题目中。

（1）判断题

1）施工单位对安全防护用品要定期进行检验。

【答案】正确

2）进入建筑施工现场的所有人员都必须佩戴安全帽。

【答案】正确

（2）单选题

1）下列是关于安全帽使用的阐述，不正确的是（   ）。

A. 可以在安全帽内再佩戴其他帽子

B. 将帽衬衬带位置调节好并系牢，帽衬的顶端与帽壳内顶之间应保持 20～50mm 的空间

C. 安全帽的下颏带必须扣在颌下，并系牢，松紧要适度，以防帽子滑落、碰掉

D. 使用前应根据自己头型将帽箍调至适当位置，避免过松或过紧

【答案】A

2）属于防坠落类安全防护用品的是（   ）。

A. 防滑鞋、防油鞋　　　　　　　　B. 安全带、安全绳和防坠器

C. 防尘罩、防毒面具　　　　　　　D. 防坠器、防毒面具

【答案】B

（3）多选题

下列属于个人安全防护用品的有（   ）。

A. 安全帽　　　　　　　　　　　　B. 避雷器

C. 防护眼镜　　　　　　　　　　　D. 漏电保护器

E. 防尘口罩

【答案】ACE

4. E 企业承建"太阳雨"住宅项目，为加强施工现场临时用电管理，普及安全用电知识，规范施工作业用电，E 企业专门召开会议，对施工现场用电的管理规定予以明确，部分施工现场临时用电管理规定体现在以下题目中。

（1）判断题

1）严禁用同一个开关箱直接控制 2 台及以上用电设备。

【答案】正确

2）当发现电线坠地或设备漏电时，应当快速跑过去将电线捡起来。

【答案】错误

（2）单选题

1）建筑施工现场使用的照明器具较多，按照使用环境有防水灯具、防尘灯具、防爆灯具、防振灯具、耐酸碱型灯具和断电使用应急灯以及（　　）等。

A. 白炽灯　　　　　　B. 荧光灯　　　　　　C. 安全警示灯　　　　D. 节能灯

【答案】C

2）不属于施工现场临时用电系统特点的是（　　）

A. 采用三级配电系统　　　　　　　　B. 采用"一机一箱"制

C. 采用 TN-S 接零保护系统　　　　　D. 采用三级漏电保护系统

【答案】D

（3）多选题

施工现场的用电设备基本上可分为（　　）等三大类。

A. 电动汽车　　　　　　　　　　　B. 电焊机

C. 电动机械　　　　　　　　　　　D. 电动工具

E. 照明器

【答案】CDE

5. F 项目的施工现场发生火灾，起因是施工现场出现易燃物，将外墙保温材料点燃，引起大面积失火，在火灾救援中，该项目中的施工人员为扑灭火源，抢救现场，多名施工人员受伤，遭受损失。特种作业人员必须具备一定的施工现场消防知识。关于施工现场消防管理的部分内容体现在以下题目中。

（1）判断题

1）火灾处置的基本原则之一是"救人重于救火"。

【答案】正确

2）应根据燃烧物质的性质和火势发展情况，选用适合的灭火剂类型。

【答案】正确

（2）单选题

1）依据物质燃烧特性，火灾可划分为 A、B、C、D、E 五类。下列阐述不正确的一项是（　　）。

A. A 类火灾，指固体物质火灾

B. B 类火灾，指液体火灾和可熔化的固体物质火灾

C. C类火灾，指气体火灾

D. D类火灾，指金属火灾，例如带电物体和精密仪器等物质的火灾等

【答案】D

2）任何燃烧事件的发生必须具备三个条件，下列不属于燃烧条件的选项是（　　）。

A. 存在能燃烧的物质，如木材、油漆、纸张、天然气、酒精等

B. 有助燃物，如空气、氧气等

C. 有能使可燃物燃烧的火源，如火焰、火星和电火花等

D. 有汽油、氢气等

【答案】D

（3）多选题

常使用的灭火剂有（　　）。

A. 泡沫　　　　　　　　　　　　B. 二氧化碳

C. 干粉　　　　　　　　　　　　D. 惰性气体

E. 水

【答案】ABCDE

6. G施工企业因安全管理措施不到位、安全投入不足以及对安全生产的忽视，导致发生安全生产事故，造成人员伤亡及重大财产损失。事故处理妥善后，为汲取教训，G企业加强安全管理，查明原因、追究责任、举一反三、落实措施，进而避免事故的重复发生。关于安全生产事故管理的部分内容体现在以下题目中。

（1）判断题

1）轻伤事故是指损失工作日低于105日的失能伤害的事故。

【答案】正确

2）负伤后在30天内死亡的事故不属于死亡事故。

【答案】错误

（2）单选题

1）下列不属于建筑施工安全事故类型的是（　　）。

A. 特别重大事故　　B. 重大事故　　　　C. 较大事故　　　　　D. 轻微事故

【答案】D

2）下列不属于按致害原因进行的事故分类的一项是（　　）。

A. 物体打击事故　　　　　　　　　　B. 机械伤害事故

C. 三级事故　　　　　　　　　　　　D. 起重伤害事故

【答案】C

（3）多选题

下面是关于事故等级的阐述，正确的是（　　）。

A. 造成 30 人以上死亡，属于特别重大（级）事故

B. 造成 10 人以上 30 人以下死亡的事故，属于重大（级）事故

C. 造成 3 人以上 10 人以下死亡的事故，属于较大（级）事故

D. 造成 3 人以下死亡的事故，属于一般（级）事故

E. 造成 3 人死亡的事故，属于一般（级）事故

【答案】ABCD

参 考 文 献

[1] 程国强，任彦斌 . 筑建施工特种作业安全生产知识[M]. 北京：中国劳动社会保障出版社，2011.

[2] 《建筑施工特种作业安全生产基本知识》编写组 . 建筑施工特种作业安全生产基本知识[M]. 北京：中国铁道出版社，2009.

[3] 赵振国 . 建筑施工用电全解[M]. 北京：中国建筑工业出版社，2010.

[4] 朱亚光，王东升 . 建设工程季节性施工管理[M]. 徐州：中国矿业大学出版社，2009.

[5] 住房和城乡建设部工程质量安全监管司 . 高处作业吊篮安装拆卸工[M]. 北京：中国建筑工业出版社，2010.

[6] 住房和城乡建设部工程质量安全监管司 . 特种作业安全生产基本知识[M]. 北京：中国建筑工业出版社，2009.